Determinanten regionaler Altersstrukturdifferenzen in Bayern

Europäische Hochschulschriften
Publications Universitaires Européennes
European University Studies

Reihe XXII
Soziologie

Série XXII Series XXII
Sociologie
Sociology

Bd./Vol. 310

PETER LANG
Frankfurt am Main · Berlin · Bern · New York · Paris · Wien

Andreas Heigl

Determinanten regionaler Altersstrukturdifferenzen in Bayern

Eine sozio-demographische Analyse

PETER LANG
Europäischer Verlag der Wissenschaften

Die Deutsche Bibliothek - CIP-Einheitsaufnahme

Heigl, Andreas:

Determinanten regionaler Altersstrukturdifferenzen in Bayern : eine sozio-demographische Analyse / Andreas Heigl. - Frankfurt am Main ; Berlin ; Bern ; New York ; Paris ; Wien : Lang, 1998
(Europäische Hochschulschriften : Reihe 22, Soziologie ; Bd. 310)
Zugl.: Bamberg, Univ., Diss., 1997
ISBN 3-631-32700-5

D 473
ISSN 0721-3379
ISBN 3-631-32700-5

Vorwort

Die Altersstruktur ist in dieser Arbeit der zentrale Gegenstand regionaler Bevölkerungsanalyse, die allgemein zum unentbehrlichen Instrument der Infrastruktur- und Raumordnungspolitik geworden ist. Administrative Maßnahmen sowie Umschichtungen aus den Mitteln des Finanzausgleichs konkretisieren sich am örtlich vorhandenen Bevölkerungsvolumen, seiner Eigendynamik und den Wanderungsbewegungen. Die Differenzen im Altersaufbau auf Kreisebene werden – etwa im Gegensatz zu Bevölkerungsvolumen oder -dichte – kaum auf ihre Konsequenzen hin wahrgenommen. Die Relevanz ergibt sich aber allein schon aus den unterschiedlichen Anforderungen an Bildungs- und Alterspflege-Infrastruktur. Siedlungsstrukturell problematisch ist darüber hinaus die altersspezifische Segregation in größeren regionalen Einheiten.

Ein weiteres Defizit regionaler Bevölkerungsanalyse ist ebenfalls unübersehbar: entweder ist sie auf rein demographische Fragestellungen beschränkt oder sie ist in rein stadt- oder regionalsoziologischen Kategorien festgefahren. Mit der Absicht, diese Einseitigkeiten verschiedener Disziplinen und Methoden zu überwinden, soll das vorliegende Werk einen Brückenschlag zwischen Soziologie, Demographie, Ökonomie und Geographie bilden.

Zum Schluß dieses Vorworts bleibt dem Verfasser die angenehme Pflicht zu danken. Seine hohe Anerkennung gilt dabei insbesondere Herrn Prof. Dr. Josef Schmid, der durch sachliche Kritik zum Inhalt und durch persönliches Ermuntern zum zügigen Fortgang der Arbeit beigetragen hat. Ebenfalls gedankt sei Herrn Prof. Dr. Reiner Dinkel, der die Publikation der Arbeit in dieser Form ermöglichte. Für die kritische Durchsicht des Manuskripts sei den Herrn Dres. Thomas Goller und Eberhard Schmidt zu danken, ohne deren Hilfe der Fehlerteufel wohl des öfteren zugeschlagen hätte.

Bamberg, im September 1997
Andreas Heigl

Inhaltsverzeichnis

1. Einführung

1.1 Problemstellung

Altersstrukturen sind das Ergebnis vorangegangener Geburten, Sterbefälle und Wanderungen. Diese Vorgänge gestalten sich in regionalen Räumen recht unterschiedlich. Die Arbeit beabsichtigt, die Einflußfaktoren herauszuarbeiten, die zum unterschiedlichen Altersaufbau in den 96 Landkreisen und kreisfreien Städten des Freistaats Bayern geführt haben. Differenzen im Altersaufbau von Bevölkerungen zwischen den einzelnen Regionen können zu Entwicklungen mit unerwünschten Wirkungen auf die Infrastrukturausstattung oder die kommunalen Haushalte führen. Es wird gezeigt werden, daß bereits erhebliche Unterschiede im Altersaufbau auf Kreisebene bestehen. Die folgende Analyse geht davon aus, daß stark voneinander abweichende Altersstrukturen auf regionaler Ebene administrative Probleme bedeuten: Beispielhaft sei hier nur die kostenintensive Bereitstellung von Bildungs- und Alterspflege-Infrastruktur in Städten genannt, während Gewerbeaufkommen und junge, einkommensstarke Familien suburbane Zonen finanziell entlasten. Nur bei Kenntnis der Ursachenstruktur, die zu Unterschieden im Altersaufbau führt, kann der Landes- und Regionalplanung ein entsprechendes Instrumentarium in die Hand gegeben werden, mit dessen Hilfe ungleichgewichtigen Entwicklungen rechtzeitig entgegengesteuert werden kann.

Der Schwerpunkt der Arbeit liegt in einer demographisch-empirischen Analyse, die in zwei großen Schritten erfolgt. In einem ersten werden verschiedene eindimensionale Maße zur Beschreibung von Altersstrukturen verglichen. Eindimensional sind solche Maße, die eine eindeutige Aussage darüber machen, welche Bevölkerungen vergleichsweise demographisch 'älter' oder 'jünger' sind. In der Demographie sind bisher weder die vorhandenen Maße einer vergleichenden Bewertung unterzogen worden, noch ist ein Konzept erarbeitet worden, inwieweit sich diese Maße für die Klärung der aufgeworfenen Problemstellung qualifizieren.

In einem zweiten Schritt soll mittels einer sozio-demographischen Ursachenstruktur die Verteilung des zuvor herausgearbeiteten Vergleichsmaßes erklärt werden. Er leistet einen Beitrag zum Vergleich von Altersstrukturen, die sich aufgrund spezifischer regionalökonomischer und raumsoziologischer Ursachenfaktoren unterschiedlich entwickelt haben. Für diesen Zweck kann auf eine klassische Konzeption der Bevölkerungssoziologie, die der generativen Struktur, zurückgegriffen werden. Der von Mackenroth geprägte Begriff der generativen Struktur bezeichnet sinnhaft abgestimmtes generatives Verhalten, das in größere soziale Zusammenhänge eingebettet ist. Generative Struktur umfaßt Familiendemographie und Fruchtbarkeit auf der Mikroebene sowie Bevölkerungswachstum, Alters- und Geschlechtsstruktur und Sterblichkeit auf der Makroebene (Mackenroth 1953). Diese Konzeption soll hier erweitert werden; zum einen durch das Einbeziehen von Wanderungen, und zum anderen durch den räumlichen Vergleich dieser Strukturen.

1.2 Relevanzbegründung

Fast alle Bevölkerungsvorausschätzungen für Bayern unterstellen langfristig eine stagnierende oder rückläufige Bevölkerungsentwicklung. Dies ist zunächst ein gesamtgesellschaftlicher Vorgang, der Probleme in sich birgt wie die Erhaltung einer ausreichend großen Erwerbsbevölkerung oder die Sicherung sozialer Systeme. Regionalpolitik ist zusätzlich gefordert, wenn sich der Bevölkerungsrückgang nicht in allen Räumen in der gleichen Weise vollzieht und es zu Umschichtungen in den Altersgruppen der einzelnen Räume kommt. Altersstrukturen besitzen eine je eigene Dynamik und können folgendes auslösen: steigende urbane Verdichtungstendenz, Abwanderung aus peripheren Räumen oder soziale Segregation von städtischen Zentren und suburbanem Umfeld (Müller 1983).

Veränderungen in der Bevölkerungsstruktur bleiben dabei nicht ohne Rückwirkung auf die Bedarfslage und Aufgabenstellung der Städte und Gemeinden. Es ist deshalb Grundbestandteil einer Raumanalyse, die Bevölkerungsstruktur auf regionaler Ebene zu durchleuchten (Boustedt 1975: 34). So werden mit Hilfe einer Analyse des Altersaufbaus

- der Umfang und die Leistungsfähigkeit des Arbeitskräftepotentials beurteilt,
- die Unterhalts- und Versorgungslasten für die nicht erwerbstätige Bevölkerung ermittelt,
- die Zahl der schulpflichtigen Kinder berechnet und der hiervon abhängige Bedarf an Schulen und Lehrkräften berechnet,
- die Zahl der Eheschließungen, Geburten und Sterbefälle, aber auch von Haushaltsgründungen eingeschätzt,
- der Bedarf an Wohnungen und Versorgungsgütern vorausgeschätzt und
- eine Bedarfsanalyse künftiger Pflegeeinrichtungen erstellt.

Sich ändernde Bevölkerungsstrukturen haben ihrerseits aufgrund von Arbeits- und Lebensbedingungen als regionsspezifische Phänomene wiederum unterschiedliche Auswirkungen auf die Bevölkerungsweise. Sie kann regional gesehen erheblich differieren. Das im Artikel 75 Nr. 4 des Grundgesetzes angedeutete und im Raumordnungsgesetz (ROG) § 1 Abs. 1 präzisierte Postulat „gleichwertiger Lebensbedingungen“ ist dabei als die juristisch-administrative Komponente im Zusammenhang mit obiger Problemstellung zu betrachten.

1.3 Zentrale Thesen

Die zentrale These, die dieser Untersuchung zugrundeliegt, besagt, daß die Altersstruktur insgesamt und die Komponenten der Bevölkerungsreproduktion sowohl von demographischen und als auch von außerdemographischen, vor allem ökonomischen und infrastrukturellen Gegebenheiten beeinflußt werden. Beide Faktorenbündel verteilen sich recht unausgewogen im Raum. Mit einer Politik der Angleichung der interregionalen Lebensbedingungen könnten sich sodann demographische Verhaltensunterschiede nivellieren.

Demographische Einflußfaktoren
Für den Bereich der Migration ist anzunehmen, daß selektive Wanderungsvorgänge die altersstrukturelle Zusammensetzung von Bevölkerungen verändern. In Gebieten mit starken Abwanderungen junger und mittlerer Altersstufen müßte der Anteil alter Menschen relativ hoch sein und steigen. Andererseits müßte in landschaftlich attraktiven Gebieten mit für Senioren günstiger Infrastruktur die Zuwanderung von Ruhestandspersonen die demographische Alterung dieses Raumes verstärken.

Was die regional differentielle Geburtenhäufigkeit angeht, so ist zu vermuten, daß die Aufzuchtskosten (z. B. Finanzierung des Mehrbedarfs an Wohnraum und größere Aufwandskonkurrenz in der Kindererziehung) in urbanen Zonen höher sind als in ländlichen Gebieten. Dies wirkt sich dergestalt aus, daß Stadtbewohner eine vergleichsweise niedrigere Zahl an Nachkommen haben (Kiefl, Schmid 1985).

Mortalitätsunterschiede (Lebenserwartung bei Geburt) zwischen Regionen mit unterschiedlichen Lebensbedingungen liegen zwar auf der Hand und wurden mehrfach nachgewiesen (Birg 1982; Neubauer 1988; Gatzweiler et al. 1982; Kemper et al. 1992). Doch müßte die altersspezifische Mortalität von einem Raum zum anderen stark abweichen, wenn sie Unterschiede im Altersaufbau der Bevölkerungen beeinflussen sollte. Daher dürfte Mortalität als Differenzierungskomponente von Altersstrukturen in einer Gesellschaft, die seit einer Generation die Gleichwertigkeit der Lebensbedingungen politisch betreibt, gerade darin weniger prägend sein, als es Wanderungen und Fertilität sind.

Außerdemographische Einflußfaktoren
Im Bereich der außerdemographischen Einflußfaktoren spielen wohl ökonomische Strukturfaktoren die wichtigste Rolle. Gebiete mit einer günstigen Wirtschaftsstruktur (Vollbeschäftigung, hohes Lohnniveau etc.) werden jüngere Erwerbspersonen anlocken und zu ihrer Verjüngung führen. Ebenso kann aber auch infrastrukturelle Ausstattung wie Hochschulen oder soziale Dienste ein Anreiz dafür sein, den Wohnort dorthin zu verlegen. In Altersstrukturen ist zwar kein

normierter Familienzyklus mehr abbildbar, doch werden sie sich immer noch mit typischen Lebensentscheidungen von Altersgruppen in Verbindung bringen lassen (Schmid 1982: 16 ff.). Die Wahl des Wohnortes hängt von den Aspirationen ab, die einen Lebensabschnitt üblicherweise kennzeichnen: Ausbildung, Familiengründung, Erwerbstätigkeit, Ruhestand.

Bevor diesen Fragestellungen und Hypothesen nachgegangen wird, soll aber erst ein Überblick darüber geschaffen werden, welche Rolle Bevölkerungsfragen in der Raumordnung spielen und welche Möglichkeiten in der Raumplanung gegeben sind, Bevölkerungsprozesse zu steuern.

2. Raumordnung und ihre Bedeutung für Bevölkerungsfragen

Gemäß der Problemstellung ist es nun wichtig zu wissen, inwieweit bevölkerungsrelevante Aspekte in die Raumordnung eingegangen sind. Zudem sollen die juristische Grundlage und die institutionelle Organisation der Raumordnung dargestellt werden, weil es nur bei Kenntnis dieser formalen Funktionsbedingungen möglich ist, die Umsetzungschancen bevölkerungsrelevanter Politik realistisch einzuschätzen. Hierbei ist es unumgänglich, allgemein auf die wichtigsten Beschränkungen und Probleme bei der Umsetzung raumplanerischer Ziele hinzuweisen.

Der Begriff der Raumordnung ist ein unbestimmter Rechtsbegriff. Wie die nachfolgenden Ausführungen zeigen werden, verfügt die Auslegung und Anwendung des Raumordnungsrechts über einen großen Spielraum. Hieraus leitet sich ein Koordinations- und Kooperationsbedarf zwischen den jeweiligen Planungsebenen (vertikale Planung) und Planungsstrukturen (horizontale Planung) ab, dessen Umsetzung im Zusammenspiel unterschiedlicher Interessenlagen vom Einvernehmen bis zur Blockade von raumrelevanten Maßnahmen führen kann.

Der aus der Raumordnung abzuleitende Planungsprozeß zerfällt in eine überörtliche und eine örtliche Raumplanung. Die Planungshoheit liegt zwar letzten Endes bei den Gemeinden (gemeindliche Bauleitplanung), Planung findet aber auch auf höheren Ebenen der räumlichen Entwicklung von der Region über die Länder und den Bund bis hin zur EU statt. Landesplanung ist Raumordnung auf Landesebene; auf der unteren Ebene spricht man von Regionalplanung. Die Regionalplanung weist gegenüber der Bundesraumordnung und der Landesplanung einen wesentlich unmittelbareren Durchführungs- und Realisierungsbezug auf. Während sich die Raumordnung allein auf den strukturellen Aspekt räumlicher Verhältnisse bezieht, kann die Regionalplanung als sozialer Prozeß verstanden werden. Deren Ziele sollen im Zusammenspiel vieler Interessen verwirklicht werden, und gleichzeitig wird damit der höchste Zielkonkretisierungsgrad erreicht (Praxis der Gemeindeverwaltung 1984: 5 ff.).

2.1 Grundlagen des Raumordnungsrechts in bezug auf die Bevölkerungsstruktur

Nach dem Grundgesetz (GG) und dem Bundesraumordnungsgesetz (ROG) liegt der Schwerpunkt der Raumordnung bei den Ländern. Der Art.75 Nr. 4 GG deklariert die Raumordnung als Rahmengesetzgebungsbefugnis des Bundes und regelt die Verteilung der Gesetzgebungsbefugnisse zwischen Bund und Ländern, nicht aber die Verteilung der Verwaltungsbefugnisse. Die rechtliche Bindungswirkung dieses Artikels entfaltet für die konkrete Planungspraxis keine wesentlichen Grundsätze. So enthält der Artikel nach David keine materielle Forderung, sondern eine formale Kompetenzvorschrift. Er sei kein Leitgedanke für die Raumordnung, sondern betreffe das diffizile Verhältnis zwischen föderativer Selbständigkeit der Länder und politischer Integration des Gesamtstaates. Aus dieser Trägerpluralität entstünden sodann die Probleme der Koordinierung regionalpolitischer Entscheidungen und Maßnahmen (David 1996: 76 ff.).

Diese vertikale Koordination ist geprägt von Ängsten vor Autonomieverlust seitens der Länder und vor Zentralisierungsbestrebungen des Bundes. Auf den verschiedenen Planungsebenen entsteht zugleich ein horizontaler Koordinierungsbedarf, nämlich der nach Integration der zuständigen Fachressorts. Diese „entzogen sich Kontrollzugriffen, kartellierten sich vertikal (...) und mobilisierten ihre politische Klientel" (Fürst et al. 1993: 24). Der hohe Konsensbedarf erschwert die Koordination von ressort- und gebietskörperschaftsübergreifenden Planungen. Welche Ziele und Optionen nun die Bundes- und Landesgesetzgebung für die Raumplanung vorgibt, soll in den nächsten Abschnitten geklärt werden.

2.1.1 Die Bundesraumordnung

Das Bundesraumordnungsgesetz beinhaltet im Gegensatz zum Art. 75 GG konkretere Zielvorgaben für die Raumplanung. Oberstes Ziel ist die Schaffung gleichwertiger Lebensbedingungen in allen Teilen der Bundesrepublik. Weitgehende Einigkeit besteht darüber, daß damit aber keine gleichartigen Lebensverhältnisse anzustreben sind. Es ist also weder eine Identität der Verhältnisse gefordert, noch geht es um Gleichmacherei (Hübler et al. 1980: 27).

Der Begriff der Lebensbedingungen umfaßt die Versorgung der Bevölkerung mit privaten und öffentlichen Gütern, deren Wert Eingang in das Sozialprodukt einer Region findet. Drei große Bereiche sind dabei für dessen Höhe von Bedeutung (Linder 1987):

- Bevölkerungsentwicklung und Bevölkerungsstruktur, insbes. Wanderungsbewegungen und ihre Rückwirkung auf Altersstruktur und Qualifikationsprofile der Erwerbstätigen.
- Sozialstruktur: Haushalts- und Familienbildung, ethnische Zusammensetzung, sozialer und ökonomischer Status der Erwerbstätigen.
- Wirtschaftliche Leistungskraft: Branchen- und Wirtschaftsstruktur, Produktivität und Arbeitsmarkt.

Gleichwertige Lebensbedingungen bedeuten folglich eine Angleichung der Teilräume bezüglich bestimmter Meßgrößen wie Einkommen, Infrastruktur oder Hervorhebung spezifischer Entwicklungspotentiale. Teilräume sollen dabei von einer

Funktionsvielfalt gekennzeichnet sein. Gleichwertigkeit bedeutet eine Vielzahl von Daseinsfunktionen, die in jedem Teilraum vorhanden sein müssen. Von einer Angleichung der Teilräume wird damit abgegangen. Daraus folgt dann unmittelbar die Förderung der Mobilität zum Erreichen der Teilräume. Zentrale Orte sollen mit allen wichtigen Einrichtungen ausgestattet und dank verkehrspolitischer Maßnahmen problemlos aus dem jeweiligen Umland erreichbar sein.[1] Hier ist der unmittelbare Bezug zu regionalen Altersverteilungen hergestellt. In Regionen mit einem hohen Anteil der höchsten Altersgruppen ist dann keine Mobilitäts-, sondern eine Immobilitätspolitik[2] gefragt, um der Forderung nach gleichwertigen Lebensbedingungen gerecht werden zu können.

Lauschmann hebt im Vergleich zu Linder die besondere Rolle der außerökonomischen Ziele hervor. Aus der regionalen Umsetzung des Gerechtigkeitszieles ergibt sich ein Bedarf an verbesserter Lebensqualität und gleichwertiger Lebensbedingungen. Die durch Globalsteuerung hervorgerufenen regionalen Wirkungen sollen ausgeglichen werden. Grundsätzlich entwickeln verteilungspolitische Aspekte damit ein relativ großes Gewicht (Lauschmann 1976: 234).

Neben der allgemeinen Forderung nach gleichwertigen Lebensbedingungen enthält das Raumordnungsrecht auch konkrete Zielvorgaben, die unmittelbar auf Bevölkerung Bezug nehmen. In § 1 Abs. 1 ROG heißt es: „Die Struktur des Gesamtraumes der Bundesrepublik Deutschland ist unter Berücksichtigung der natürlichen Gegebenheiten, der Bevölkerungsentwicklung sowie der wirtschaftlichen, infrastrukturellen, sozialen und kulturellen Erfordernisse und unter Beachtung der folgenden Leitvorstellungen so zu entwickeln, daß (...) gleichwertige Lebensbedingungen der Menschen in allen Teilräumen bietet oder dazu führt." In § 2 Abs. 6 ROG heißt es weiter: „Für ländliche Räume ist eine ausreichende Bevölkerungsdichte anzustreben, die gewachsene Siedlungsstruktur möglichst zu erhalten sowie auf die angemessene Ausstattung mit Dienstleistungs-, öffentlichen Verkehrs- und anderen Versorgungseinrichtungen auch bei rückläufigen Bevölkerungszahlen hinzuwirken." (Neufassung aufgrund des Beitritts der DDR nach Art. 23 GG)

Mögliche Probleme im Zusammenhang mit der allgemeinen Bevölkerungsentwicklung sowie ihrer räumlichen Verteilung, insbesondere der Bevölkerungs-

---

[1] Das Konzept der zentralen Orte wurde von Walter Christaller in den 30er Jahren entwickelt. Die Verteilung der Siedlungen ist danach hierarchisch abgestuft und wird vom Bedeutungsüberschuß an Waren und Dienstleistungen geprägt. Dabei spielen insbesondere der Einzugsbereich der wichtigen Dienstleistungen, Kapazitätsgrößen und Distanzüberwindungskosten eine entscheidende Rolle (Fürst et al. 1993: 41 ff).

[2] Immobilitätspolitik soll definiert sein als Berücksichtigung der spezifischen Mobilitätseinschränkungen älterer Menschen.

dichte, sind im Raumordnungsrecht also angesprochen. In bezug auf altersstrukturelle Verzerrungen lassen sich jedoch keine Aussagen finden. Ein diesbezügliches Problembewußtsein hat sich noch nicht so weit entwickelt, um Niederschlag in der Bundesgesetzgebung zu finden. Das mag mit Sicherheit auch damit zusammenhängen, daß Unterschiede in der Bevölkerungsdichte unmittelbarer ins Auge fallen als Altersstrukturdifferenzen, die erst mittels mehr oder weniger aufwendiger Meßverfahren aufgedeckt werden können (vgl. Kapitel 5). Welche Auswirkungen hätte es aber, wenn die Zielvorstellung von relativ homogenen Altersstrukturen auf regionaler Ebene Eingang in die Gesetzgebung finden würde? Könnten dann entsprechende Maßnahmen auf einer soliden juristischen Basis eingeleitet werden? David ist der Auffassung, daß die Rechtsnatur der Raumordnungsgrundsätze als geltendes Bundesrecht außer Frage steht. Die von ihnen ausgehenden Rechtswirkungen sind aber, wenn auch zweifellos weitgehender als die der Leitvorstellungen in § 1 ROG, angesichts ihres durchweg eher programmatischen Inhalts nur von begrenzter rechtlicher Bestimmtheit (David 1996: 82). Dazu kommt, daß das ROG kein konkretes und widerspruchsfreies Zielsystem enthält (Scharpf et al. 1979: 42). Somit stellt sich eigentlich die Frage nach der Relevanz von Zielvorgaben in der Bundesraumordnung im Vergleich zur alltäglichen Planungspraxis. Der Forderung nach gleichgestaltigen Altersstrukturen könnte man also auch dann nachkommen, wenn sie nicht konkret im Raumordnungsrecht festgeschrieben ist. Dafür spricht auch, daß das Raumordnungsverfahren ein rein behördeninternes Verfahren ohne unmittelbare Rechtswirkung gegenüber dem Bürger ist.

2.1.2 Das Landesplanungsgesetz

Die Rechtsgrundlagen für die Landesplanungsgesetze sind im Raumordnungsgesetz gemäß Art. 75 Ziffer 4 GG festgeschrieben. Das Bayerische Landesplanungsgesetz (BayLplG) in der Fassung der Bekanntmachung vom 4.1.1982, geändert durch das Gesetz vom 28. Juni 1990, enthält folgende Inhalte:
Gegenstand des Gesetzes ist die Ordnung und Entwicklung von Räumen: Alle Ansprüche an die Nutzung und Belastung des Raumes müssen danach befriedigt werden können, die Gesamtentwicklung des Raums darf dabei aber keinen Schaden nehmen (v.a. in Verdichtungsräumen). Die Entwicklung ist von besonderer Bedeutung für strukturschwache Räume (Schaffung von Arbeitsplätzen und Infrastruktur; Herstellung gleichwertiger Lebensbedingungen und Maßnahmen, um der Abwanderung entgegenzusteuern). In allen Landesteilen sind möglichst gleichwertige, gesunde Lebens- und Arbeitsbedingungen zu erhalten oder zu schaffen.

Die Verwendung des unbestimmten Begriffs 'Landesteil' verhindert hier eine adäquate Zielkontrolle, die Ableitung einer unmittelbaren Rechtswirkung wird somit auch auf Landesebene erschwert.

Im Bayerischen Landesplanungsgesetz sind aber zumindest konkrete Aufgaben festgeschrieben, die in der Landesplanung erfüllt werden müssen:

- die Aufstellung eines übergeordneten Konzepts der Landesplanung,
- die Abstimmung raumbezogener Planungen und Maßnahmen sowie
- die Erarbeitung von Programmen und Plänen.

Aufgabe ist nicht der unmittelbare Vollzug einzelner Fachaufgaben, sondern die Koordinierung aus der Sicht des Raumes. Raumbedeutsam sind alle Planungen und Maßnahmen, durch die Grund und Boden beansprucht oder die räumliche Entwicklung beeinflußt wird. Dies trifft z.B. für alle Infrastrukturmaßnahmen zu.

Ein Blick auf die Elemente der Organisationsstruktur der Landesplanung (Aufbauorganisation) verdeutlicht die Vielfältigkeit der Planungsebenen und den daraus ableitbaren Koordinationsbedarf:

- Landesplanungsbehörden (Staatsministerium für Landesentwicklung und Umweltfragen, Bezirksregierungen und Landratsämter bzw. kreisfreie Städte)
- Regionale Planungsverbände (Körperschaften des öffentlichen Rechts): Zusammenschlüsse von Gemeinden und Landkreisen einer Region (z.B. Planungsverband Donau-Wald)
- Regionalplanungsstellen (Bezirksregierungen): Unterstützung und Überprüfung der regionalen Planungsverbände (geregelt in Art. 5 Abs. 2 BayLplG)
- Planungsbeiräte (Art. 11 und 12 BayLplG): Unterstützung der regionalen Planungsverbände durch Gutachten, Anregungen und Empfehlungen, insbesondere bei der Aufstellung des Landesentwicklungsprogramms
- Bundesminister für Raumordnung, Bauwesen und Städtebau (Baugesetzbuch): hier liegt die Rahmenkompetenz der Raumplanung
- Ministerkonferenz für Raumordnung: Abstimmung in Fragen der Raumordnung und Landesplanung; gebildet nach einem Verwaltungsabkommen zwischen Bund und Ländern nach § 8 ROG; die Entschließungen haben den Charakter von Empfehlungen und Leitlinien.

Die jeweiligen Planungsträger müssen unterschieden werden in öffentliche (Behörden von Bund und Land oder Körperschaften, Stiftungen oder Anstalten des öffentlichen Rechts) und private (natürliche Personen oder juristische Personen des Privatrechts: Unternehmen). Hieraus entstehen wiederum zusätzliche Planungs- und Koordinierungsprobleme zwischen öffentlicher und privater Investitionstätigkeit.

Landesplanung ist keineswegs nur Rechtshandeln, sondern vor allem auch politisches Handeln. Durchweg hinkt die rechtliche Erfassung der landesplanerischen Praxis um einiges der politischen Realität hinterher. Die Landesplanung ist nach Atteslander von der Zielsetzung her zu unbestimmt, sie ist von ökonomischen Aspekten dominiert und ermöglicht das Durchsetzen von Partikularinteressen einzelner Gruppen (Atteslander 1976: 18 ff.). Gesellschaftliche Macht- und Interessenstrukturen, die über die Fachressorts vermittelt werden, versuchen die Raumplanung von sich abhängig zu machen. Dies geschieht nach Fürst et al.:

- „informatorisch, indem Raumplanung die Informationsmonopole der Fachplanungen hinnehmen muß;
- sachlich, indem Raumplanung auf fachplanerische Aussagen de facto nur beschränkt einwirken und diese meist nur 'buchhalterisch' übertragen kann;
- politisch, indem räumliche Verteilungsvorstellungen der Raumplanung über konterkarierende Vorstellungen blockiert werden" (Fürst et al. 1993: 60).

Ein Problem ist somit die Trennung des legislativen vom administrativen Handeln mit den jeweiligen Kompetenz- und Verfahrensvorschriften (möglicher Lösungsansatz: Bund-Länder-Kompromisse). Dazu kommt zusätzlich, daß die kommunale Bauleitplanung weder die Bundesraumordnung noch die Landesplanung im Sinne einer sich stufenweise konkretisierenden Zielhierarchie umsetzen muß, sondern daß sie in großen Teilen eigenverantwortlich vollzogen werden kann (Planungshoheit der Gemeinden).

Wie bereits dargestellt, besteht eine übergeordnete Bundesplanung nach Art. 75 Nr. 4 GG nur als Rahmenkompetenz des Bundes für die Gesetzgebung, nicht als Zuständigkeit der Bundesexekutive zur Aufstellung von Programmen. Auf Grundlage § 8 ROG haben sich Bund und Länder im Rahmen der Ministerkonferenz für Raumordnung abzustimmen, und zwar mit dem Ziel der bestmöglichen Entwicklung des Bundesgebiets in seiner Gesamtheit. Hier ist meines Erachtens der Ansatzpunkt zur Koordinierung bevölkerungsrelevanter Entscheidungen gegeben.

2.2 Raumordnungs- und Infrastrukturpolitik als Steuerungsinstrument

Eine einheitliche Definition des Begriffs Raumordnungspolitik findet sich weder in der Bundes- oder Landesgesetzgebung noch in wissenschaftlichen Abhandlungen zu dieser Thematik. Nach der Definition von Brösse besteht Raumordnungspolitik „in der bewußten Handhabung geeigneter Instrumente durch den Staat oder dem Staat nahestehenden Institutionen, um eine zielbezogene Gestaltung, Entwicklung und Nutzung von Räumen oder Regionen zu erreichen" (Brösse 1974: 5 f.). Die Begriffe Raumordnungspolitik und Regionalpolitik werden in der Regel synonym verwendet. Regionalpolitik und regionale Wirtschafts- und Strukturpolitik werden ebenfalls gleichgesetzt. Die Raumordnungspolitik umfaßt aber auch soziale, kulturelle und ökologische Zielsetzungen. Die Vielfalt der Begrifflichkeit zeigt, daß je nach Blickwinkel unter Raumordnungs- und Infrastrukturpolitik jeweils unterschiedliche Inhalte subsumiert werden.

Wie zuvor erläutert, bedeuten gleichwertige Lebensbedingungen die Schaffung von qualitativ und quantitativ ausreichend ausgestatteten Teilräumen mit einem Angebot an Arbeitsplätzen, Wohnungen, Bildungseinrichtungen und Freizeitmöglichkeiten in einer zumutbaren Entfernung. Großräumige Disparitäten in den Lebensbedingungen sollen durch Verbesserung der Infrastruktur, des Wohnungsbaus und der regionalen Wirtschaftsentwicklung sowie der Erreichbarkeit öffentlicher und privater Einrichtungen abgebaut werden (Möricke 1984: 43). Institutionelle Störfaktoren im Zuge der Umsetzung regionalpolitischer Ziele sind allein schon dadurch gegeben, daß sich Problemräume nicht immer mit den regionalpolitischen Zuständigkeitsbereichen decken. Hier müßten jeweils entsprechende Koordinierungsinstrumente entwickelt werden. Ein weiteres Problem ist die Spannung zwischen den vertikal geordneten Interessen: Gesamtwirtschaftlich orientierte Regionalpolitik wird von lokalen Sonderinteressen verzerrt. Voraussetzung für die Koordination regionalpolitischer Aktivitäten ist nach Lauschmann eine Gesamtkonzeption, die für alle Träger regionalpolitischer Entscheidungen und Handlungen verbindlich ist und von ihnen anerkannt wird. Erst dieser Rahmen ermöglicht eine sachliche, zeitliche und räumliche Abstimmung zwischen den verschiedenen Trägergruppen mit ihren jeweiligen Sonderinteressen (Lauschmann 1976: 264 f.).

Ein erster wichtiger Punkt ist zunächst aber die Wahrnehmung eines raumrelevanten Problems an sich.[3] Lauschmann zufolge ist Regionalpolitik nur möglich, „wenn zuvor von bestimmten gesellschaftspolitischen Leitbildern oder ordnungspolitischen Grundsätzen aus bestimmte Erscheinungen, Zustände oder Entwicklungen als unerwünscht und abänderungsbedürftig bezeichnet worden sind" (Lauschmann 1976: 236). Ob ein demographisches, soziales oder ökonomisches Gefälle von Raum zu Raum als Problem gewertet wird oder als unabänderliche Begleiterscheinung gesellschaftlicher Dynamik hingenommen wird, ist abhängig von den Vorstellungen der Entscheidungsträger auf allen politischen Ebenen.

[3] Blumer sieht soziale Probleme als Prozeß kollektiver Definition und teilt diesen in 5 Phasen ein: 1. Die Wahrnehmung eines sozialen Problems 2. Die Legitimierung des Problems 3. Die Mobilisierung zur Lösung des Problems 4. Die Bildung eines Aktionsplans zur Problemlösung und 5. Die Umsetzung des Plans (Blumer 1970). Die Problematik regionaler Altersstrukturdifferenzen ist danach also in die 1. Phase einzuordnen.

Problemorientierte Regionalpolitik ist immer eine Korrektur unerwünschter Zustände; eine langfristige zukunftsorientierte Konzeption der Regionalpolitik richtet sich daher an den Zielen aus, die entweder

- wachstumsorientiert (Schaffung der Voraussetzungen für optimale Wachstumsraten),
- stabilitätsorientiert (ausgewogene Beschäftigungs- und Einkommensverteilung) oder
- versorgungsorientiert (gleichwertige Lebensbedingungen)

dominiert sein können.

Gesamtziel wäre dann die Schaffung ausgeglichener Funktionsräume. Ein möglichst gleichgestaltiger Altersaufbau regionaler Bevölkerungen ist eher einem langfristigen Zielkatalog zuzuordnen und weniger ein akutes Problem. Dieses langfristig zu verfolgende Ziel ließe sich unter allen drei genannten Aspekten subsumieren. Das Grundrecht der Freizügigkeit für die Bürger der Bundesrepublik Deutschland erschwert eine wie auch immer geartete administrative Steuerung der Bevölkerungsvorgänge, insbesondere der Wanderungen. Franz führt dazu aus: „Eine Politik, die die regionale Verteilung der Bevölkerung beeinflußt, kann daher nicht mit direkten administrativen Maßnahmen operieren, sondern ist auf indirekte Steuerung angewiesen. Solche indirekten Maßnahmen wurden bisher weitgehend in der [...] Politik zur Verbesserung der Wirtschaftsstruktur der Abwanderungsregionen gesehen". (Franz 1984: 146)

Für die Operationalisierung von Zielen der Regionalpolitik ist es notwendig, adäquate Orientierungsgrößen bzw. Indikatoren anzugeben, um politischen Entscheidungsträgern ein entsprechendes Instrumentarium bereitstellen zu können. Das Kapitel 6 befaßt sich ausführlich damit, die Bedeutung der jeweiligen Indikatoren vergleichend herauszuarbeiten.

Bevölkerungsrelevante Ziele sind neben der zuvor beschriebenen eingeschränkten Steuerungsbefugnis des Staates noch durch einen weiteren Umstand erschwert. Der föderalistische Aufbau der Bundesrepublik Deutschland und das Recht der Gemeinden auf Selbstverwaltung machen eine Einflußnahme auf die großräumige Verteilung einer Bevölkerung schwierig (Müller 1983: 30). Das Subsidiaritätsprinzip ist in der Raumordnung zwar nahezu verwirklicht, in der Praxis gibt es allerdings immer wieder Kompetenzunklarheiten. Zudem ist die Skepsis gegenüber der Steuerungseffizienz der Landes- und Regionalplanung aufgrund der zu verfolgenden Kompromißstrategie angebracht (z.B. Stadt-Umland-Problem: Verkehrsanbindung). Direkte bevölkerungsrelevante Planungsziele sind im Bayerischen Landesplanungsgesetz nicht genannt. Indirekte Zielvorgaben betreffen die Arbeits- und Lebensbedingungen: Kultur, Verkehr, Arbeitsmarkt, Landwirtschaft und Umweltschutz (Art. 2 und Art. 13 BayLplG). Die Zugangschancen der Bevölkerung auf dem Arbeitsmarkt, höheres Einkommen, Bildungsmöglichkeiten, Freizeitgestaltung etc. sind unterschiedlich vorhanden. Die Raumordnungspolitik hätte nun die Aufgabe, die räumliche Ungleichverteilung von Chancen zu mindern, insbesondere die räumliche Erreichbarkeit lebensnotwendiger zentraler Funktionen zu gewährleisten.

3. Erklärungsansätze für regionale Bevölkerungsdifferenzen

Im vorangegangenen Kapitel wurde erörtert, inwieweit Raumordnung und Raumordnungspolitik in bezug auf Bevölkerungsfragen befaßt sind. Nun sollen die Tendenzen der regionalen Bevölkerungsentwicklung dargestellt und mit geeigneten theoretischen Ansätzen erklärt werden. Anschließend wird es möglich sein, die empirischen Ergebnisse dieser Untersuchung in einen theoretischen Rahmen einzuordnen und mit früheren Studien abzugleichen.

3.1 Tendenzen interregional unterschiedlicher Bevölkerungsvorgänge

Klein- und großräumige Bevölkerungsbewegungen lassen sich anhand vieler Merkmale beschreiben. Diese können einerseits mit Hilfe von Individualmerkmalen der Wandernden selbst oder andererseits mit Strukturmerkmalen der Zu- und Abwanderungsgebiete analysiert werden. Dabei läßt sich in den meisten Fällen beobachten, daß bestimmte soziale Gruppen aus Räumen abwandern, die für andere Gruppen durchaus attraktiv und damit Zielgebiete für Zuwanderer sind. Es ist also nicht eindeutig zwischen Zu- und Abwanderungsgebieten zu unterscheiden und deswegen unabdingbar, diese Räume in Kombination mit sozialen Merkmalen der Wandernden zu betrachten. Für die Analyse differentieller Altersstrukturen auf Kreisebene erscheinen drei Phänomene räumlicher Bevölkerungsbewegung als besonders bedeutsam:
1. Suburbanisierung,
2. Räumliche Mobilität, hier besonders die Mobilität alter Menschen, sowie
3. Soziale Entmischung.

Diese drei Vorgänge verlaufen sicherlich nicht unabhängig voneinander, sie sollen hier aber mit der jeweiligen Akzentuierung dargestellt werden.

3.1.1 Suburbanisierung

Definition
Nach Friedrichs ist Suburbanisierung die „Verlagerung von Nutzungen und Bevölkerung aus der Kernstadt, dem ländlichen Raum oder anderen metropolitanen Gebieten in das städtische Umland bei gleichzeitiger Reorganisation der Verteilung von Nutzungen und der Bevölkerung in der gesamten Fläche des metropolitanen Gebiets“ (Friedrichs 1983: 170). Friedrichs erweitert den gängigen Begriff der Suburbanisierung, indem er die Zuwanderung aus ländlich-peripheren Räumen in das Umland der Kernstädte miteinschließt. Zumeist wird in der Literatur unter Suburbanisierung aber die kleinräumige, intraregionale Wanderung zwi-

schen den Kernstädten und ihrem jeweiligen Umland verstanden (Bucher 1994: 59). Dieser Vorgang impliziert zumeist einen Bedeutungsgewinn des Umlandes und einen Bedeutungsverlust der Kernstädte. Die betroffenen Räume lassen sich charakterisieren als metropolitane Regionen in hochindustrialisierten Ländern mit einer Dekonzentration von Bevölkerung, Produktion, Verwaltung und Handel (factory outlets, shop-in-shop oder megastore). Suburbanisierung kann dabei verschiedene Formen annehmen: neue Wohngebiete, neue Industrie- und Gewerbegebiete oder Mischformen.

Folgen der Suburbanisierung
Seit Anfang der 70er Jahre hat sich Suburbanisierung verstärkt, weil sich der Wohnungsbau von Betonhochhäusern weg und in Richtung Eigenheim an der Peripherie der Stadt verändert hat. Diese Wohnform bevorzugen insbesondere einkommensstarke Familien mit Kindern. Veränderungen im sozialen Status der Familien und im Lebenszyklus hatten einen steigenden Flächenanspruch zur Folge (Wohnfläche, Grundstücksgröße, Freizeit- und Erholungsflächen). Niedrigere Bodenpreise an der Peripherie führten zu einer Ausdehnung der Agglomerationen. Dabei war in den letzten Jahrzehnten die Veränderung umso größer, je später dieser Prozeß in Gang kam (Friedrichs 1983: 172).

Folge dieser Entwicklung ist, daß in den Kernstädten ein relativ hoher Anteil älterer Menschen bei sinkenden Wachstumsraten der Gesamtbevölkerung zurückbleibt. Fortschritte in der Transport- und Kommunikationstechnologie bewirkten, daß die physische Nähe zu zentralen Einrichtungen in den Innenstädten weniger bedeutsam wurde. Trotzdem erfolgte fast zwangsläufig eine stärkere Motorisierung der Bevölkerung. Der öffentliche Personennahverkehr sowie der Individualverkehr erforderten den Neu- und Ausbau der Verkehrsinfrastruktur. Ring- und Ausfallstraßen verursachen Lärm und Emissionen, besonders in den intermediären Zonen der Städte. Das familienfreundliche und relativ naturnahe Wohnumfeld am Stadtrand hat auch die Nachteile einer schlechteren Infrastrukturausstattung, ungünstigeren Verkehrsanbindung und somit einer steigenden Abhängigkeit von den individuellen Mobilitätsträgern. Höhere Zeit-Wege-Kosten haben damit ein verändertes Zeitbudget der Familienmitglieder zur Folge (Bucher 1994: 60). Das von Friedrichs konzipierte Schaubild soll die Merkmale und Folgen von Suburbanisierung verdeutlichen (Abbildung 3.1):

Die Kommunalpolitik in den Städten sieht in der Abwanderung in die Nachbargemeinden sowie ins weitere Umland eine bedrohliche Fehlentwicklung (Gatzweiler et al. 1988):

- Auslastungsprobleme für die Infrastruktur;
- Weniger Steuereinnahmen;
- Geringere Zuweisungen im kommunalen Finanzausgleich bei gleichbleibenden Funktionen und Aufgaben.

Die Zahl der Kleinhaushalte in den Städten steigt an, während der Anteil der Drei- und Mehrpersonenhaushalte zurückgeht. Da Suburbanisierung ein selektiver Migrationsprozeß ist, führt sie in den Stadtkernen zu einer höheren Konzentration nicht nur von alten Menschen, sondern auch von Ausländern und Unterschichtangehörigen (soziale Entmischung; vgl. 3.1.3). Franz sieht in einer geringeren Bewohnerdichte in den Zentren aber durchaus Vorteile, denn der Wohnungsmarkt dürfte sich entspannen, die Mietpreise könnten fallen und die Stadt für junge Familien wieder attraktiv machen (Franz 1984: 189 ff.).

Abbildung 3.1: Modell zur Beschreibung des Verlaufs von Suburbanisierung

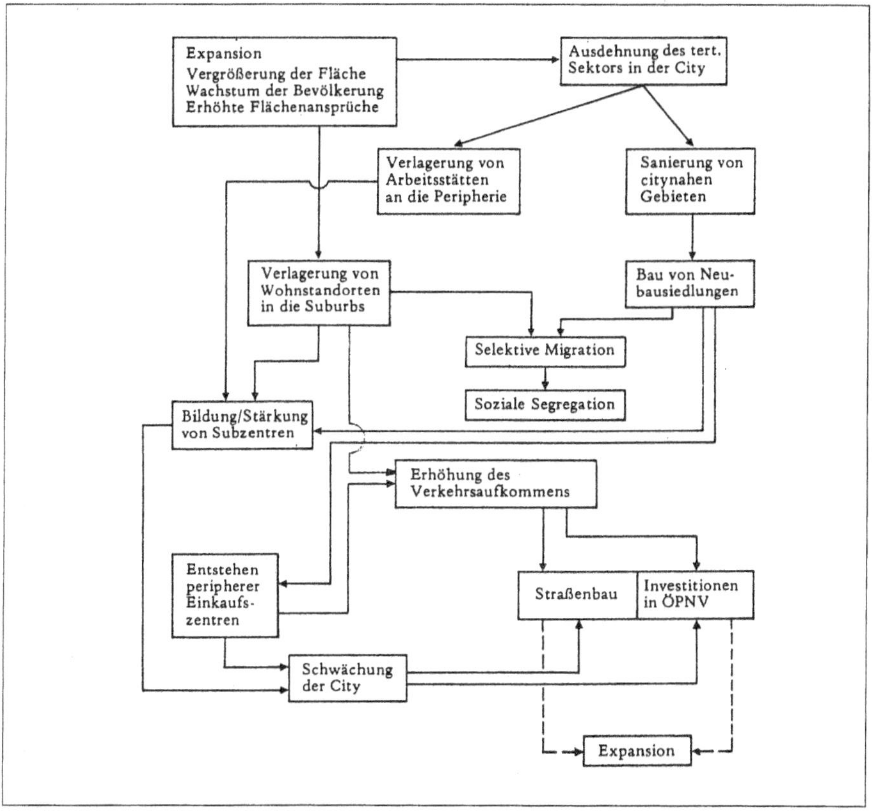

Quelle: Friedrichs, Jürgen (1983: 180)

Tatsächlich stellen Gatzweiler und Strubelt in ihrer Untersuchung zum Wandel der Städte ein Nachlassen des Abwanderungsdrucks in das Umland fest, weil sich die städtischen Räume - z.B. durch Außenwanderung - nicht weiter verdichten. Sie erkennen sogar Ansätze zu einer 'Rückverdichtung' der Kernstädte durch Binnenmigranten aus den umliegenden Zonen (Gatzweiler et al. 1988: 219). Güttler et al. sehen als mittelfristige Folge des Suburbanisierungsprozesses das Phänomen der 'Randalterung'. Ursache dafür ist der unterschiedliche Altersaufbau im Kern und im Umland. Da die Anteile der Jugendlichen in den Kernstädten nicht so stark zurückgehen wie in den Randbereichen, schwächt sich das derzeit noch zu beobachtende Altersgefälle ab. Aus Neubaugebieten mit jungen Familien könnten in einigen Jahrzehnten Witwensiedlungen werden (Güttler et al. 1989).

'Counterurbanisation'

In den 70er Jahren führte Berry den Begriff der 'Counterurbanisation' ein. Im Unterschied zu Suburbanisierung beschreibt er großräumigere Prozesse: Der Konzentrationstrend in bevölkerungsreichen und dichtbesiedelten Großräumen erfährt, Berry zufolge, eine Wende. Die Stadt-Land-Gegensätze verschärfen sich nicht weiter, und die heterogene Bevölkerungsverteilung nimmt ab (Berry 1976). Vogelsang und Kontuly stellen eine verstärkte Counterurbanisation auch für Deutschland fest (Vogelsang et al. 1986). Ihrer Meinung nach hat diese 'vertikale Dekonzentration' die Konsequenz, daß sich die Rangordnung der Städte verschiebt und ländliche Räume wieder an Bedeutung gewinnen.

Sowohl Suburbanisierung als auch Counterurbanisation haben neben Altersstruktureffekten eine Reihe weiterer sozialer und städtebaulicher Folgen. Hinsichtlich der interregionalen Differenzen von Altersstrukturen bewirkte der Suburbanisierungsprozeß eine relative Verjüngung der Umlandkreise gegenüber den metropolitanen Zentren. Eine erkennbare Abschwächung dieses Vorgangs könnte dazu führen, daß sich diese Unterschiede in Zukunft wieder auflösen. Ein anderer Aspekt betrifft die Zukunft peripher gelegener Gebiete, denn die Attraktivität ländlicher Räume nimmt nicht für alle Altersgruppen zu. Regionale Mobilität insbesondere älterer Menschen könnte die Rolle dieser Räume als Zielgebiet stärken und gleichzeitig ein noch schnelleres Altern bewirken.

3.1.2 Zur Selektivität interregionaler Migration in verschiedenen Altersstufen

Theoretischer Hintergrund

In diesem Abschnitt sollen schwerpunktmäßig die Merkmale und Auswirkungen regionaler Mobilität dargestellt werden. Eine Diskussion des umfangreichen Theoriegebäudes zur Erklärung von Wanderungen würde den Rahmen dieser Arbeit sprengen. Zudem wurde ein Überblick über die wichtigsten Ansätze bereits von anderen Autoren gegeben (Széll 1972; Röder 1974; Franz 1984). Bedeutsame Theorien regionaler Mobilität auf Aggregatebene sind:

1. Das Push-Pull-Modell von Lee (1966): Wanderungsvorgänge können aufgefaßt werden als Resultat von Faktoren, die zur Abwanderung führen (Push) und von Faktoren, die einen Zielort anziehend machen (Pull). Das ursprünglich auf Makro-Ebene entwickelte Konzept wurde von Lee durch die subjektiven Wahrnehmungen der Wandernden selbst ergänzt.
2. Systemtheoretische Ansätze (Albrecht 1972). Migration wird verstanden als ein Mittel, Spannungszustände (z.B. hervorgerufen durch unterschiedlich verteilte Ressourcen) zwischen Subsystemen zu reduzieren. In eine ähnliche Richtung argumentiert Hoffmann-Nowotny, der Migration als Folge der ungleichen Verteilung von Macht und Prestige und der daraus entstehenden anomischen Spannung sieht (Hoffmann-Nowotny 1970).

Boustedt hebt in seinem Ansatz auf die Motivation der Wandernden ab, die mit räumlichen Strukturmerkmalen zu verknüpfen ist und deshalb für die Interpretation von Ergebnissen auf Makro-Ebene von enormem Nutzen sein kann (Boustedt 1975: Kapitel 4.4). Zunächst unterscheidet er zwischen Ursachen (externen Einflüssen) und Motiven (subjektiven Entscheidungen) für Wanderungen, wobei seiner Meinung nach vor allem letztere planerisch beeinflußbar seien. Die Motivstruktur gliedert er folgendermaßen:

- Wohnungsorientierte Motive (z.B. Beschaffung einer eigenen Wohnung, veränderter Wohnraumbedarf, veränderter Wohnstandard, Standortverlegungswunsch wegen umweltbedingter Verhältnisse wie z.B. Verkehrslärm) führen zu Nahwanderung oder Umschichtung innerhalb eines Stadtgebietes.
- Arbeitsplatzorientierte Motive (Wunsch nach Verbesserung der Einkommensverhältnisse; Flucht vor Arbeitslosigkeit) führen eher zu Fernwanderung oder Pendelverkehr.
- Subjektive Veränderungswünsche (Familie, Gesundheit, Wohnen im Grünen, Infrastruktur) führen zu Kern-Umland-Wanderung.

Der für die Steuerung wichtigste Motivbereich ist der Arbeitsplatzwechsel: Aktive Jahrgänge der Erwerbsbevölkerung im Alter zwischen 20 und 50 wandern mit ihrer Familie in Gebiete mit geringer Arbeitslosigkeit und hohem Lohnniveau und sorgen so für eine Verjüngung der dort heimischen Bevölkerung. Regionale Strukturunterschiede und ihre allgemeinen Existenzbedingungen (Wohnortattraktivität) wirken als Mobilitätsimpulse. Kinderreiche Bevölkerungsteile neigen zur Abwanderung aus Passivräumen (v.a. aus Agrargebieten).

Auch Gatzweilers Erklärungsansatz geht über die einseitige Sicht der ökonomischen Faktoren hinaus und bezieht die allgemeinen Lebensbedingungen mit ein (Qualität der Arbeitsplätze, soziale Infrastruktur, Umweltqualität, Freizeitmöglichkeiten oder urbanes Leben und Kulturvielfalt). Interregionale Wanderungen sind danach ein Ausgleichsmechanismus, um individuell unbefriedigende Lebensbedingungen an die jeweiligen Idealvorstellungen vom Wohnumfeld anzupassen (verhaltens- und entscheidungstheoretisches Modell). Gatzweiler plädiert für einen wahrscheinlichkeitstheoretischen Ansatz, der die begrenzte Rationalität des Menschen in Entscheidungssituationen berücksichtigt (Gatzweiler 1975). Alter und Stellung im Lebenszyklus bestimmen dabei die Art und Höhe des Anspruchs- und Befriedigungsniveaus sowie die Perzeptions- und Informationsmöglichkeiten. Die rezipierten Befunde zeigen, daß regionale Unterschiede in den Lebensbedingungen das Wanderungsverhalten maßgeblich beeinflussen (Wohnung, Wohnumfeld, Arbeit, Ausbildung, Freizeit). Diese objektiven Gegebenheiten unterliegen subjektiven Präferenzen, die mit der Stellung des Haushalts im Lebenszyklus variieren. Wanderung ist also ein Mittel, Ansprüche zu befriedigen: Streben nach mehr Wohnfläche, nach Wohneigentum oder Verbesserung des Wohnumfeldes. Umzug ist nur eine von mehreren Möglichkeiten, auf eine unbefriedigende Wohnsituation zu reagieren. In der Migrationsforschung besteht ein augenscheinliches Defizit bei der Erforschung des Phänomens des Nicht-Wanderns bzw. der 'horizontalen Trägheit'. Ergebnisse hierzu wären wohl mindestens so aufschlußreich wie die zu den Wanderungsbewegungen selbst (vgl. dazu in Ansätzen Kecskes 1994; Kalter 1994).

Regionale Mobilität und Lebenszyklus

Das Konzept des Lebenszyklus erlaubt es, Altersgruppen nach außerdemographischen Kriterien (z.B. Familienstand, Erwerbsstatus) abzugrenzen. Über die Wohnortwahl von Altersgruppenangehörigen kann man sich dem Phänomen der altersspezifischen Segregation nähern.[4] Cowgill (1978) weist in amerikanischen metropolitanen Regionen empirisch nach, daß die Dichte älterer Menschen gegen das Zentrum einer Stadt hin zunimmt. Dies sei sowohl eine Folge des Lebenszyklus als auch bescheidener finanzieller Mittel zur Befriedigung der Wohnansprüche (Größe und Qualität) nach Ende der Erwerbsphase. Die größere Immobilität im Alter führe zu einem sogenannten kollektiven 'aging in space'. In Deutschland zeichnet sich dagegen eine andere Entwicklung ab: „Immer früherer Berufsaustritt, verbesserte finanzielle Möglichkeiten durch höhere Renten und eigene Alterssicherung sowie bewußtes Planen der nachelterlichen Phase deuten darauf hin, daß die räumliche Mobilität älterer Menschen zukünftig eher noch stärker ansteigen wird, und landschaftlich attraktive Regionen auch von weiter entfernt wohnenden älteren Stadtbewohnern als Wohnstandort gewählt werden" (Franz 1984: 140). Die Erkenntnis, daß mit zunehmendem Alter die räumliche Mobilität sinkt, könnte sich aufgrund geänderter sozialer Bedingungen in ihr Gegenteil verkehren: Hohe regionale Anteile älterer Menschen würden weniger durch den Wegzug jüngerer und die Immobilität der älteren Bewohner verursacht, als durch

[4] Zur gesellschaftlichen Konstruktion von Lebensaltern vgl. Kohli (1992).

den Zuzug älterer Menschen in landschaftlich bevorzugte Räume. Erhöhte Altersmobilität könnte somit zu einer neuen Stadtflucht führen. Kernstädte verzeichnen wiederum hohe Wanderungsgewinne auf Kosten aller übrigen Räume bei den 18- bis 24-Jährigen, die zum Zwecke von Bildung und Ausbildung in die Städte wandern. Der Beitrag von Ausländern dürfte dagegen eher eine untergeordnete Rolle spielen (vgl. Karte 19 im Anhang).

Daß sich mit einer veränderten Position im Lebenszyklus nicht nur die Wanderungshäufigkeit, sondern auch die Wanderungsrichtung in charakteristischer Weise verändert, geht aus den altersspezifischen Wanderungssalden hervor, die je nach Altersgruppe stark voneinander abweichen und sogar ihre Vorzeichen ändern können (vgl. Abschnitt 6.1.1.3). Periphere Räume verlieren 18- bis 24-Jährige aufgrund des geringen Ausbildungsangebots und des ungünstigen Arbeitsmarkts. Die 30- bis 50-Jährigen stellen den Großteil der Stadt-Umland-Wanderer (Suburbanisierung). Sie sind weniger an großräumiger Migration beteiligt. Die Wanderungen aus den Städten an die Peripherie konzentrieren sich auf die über 50-Jährigen. Zusammenfassend läßt sich festhalten, daß regionale Mobilität in der Regel altersstrukturelle Selektivität impliziert.[5]

Regionale Mobilität alter Menschen

Der Umfang der Binnenwanderungen ist seit den 70er Jahren zurückgegangen. Dies trifft sowohl für groß- als auch für kleinräumige Wanderungen zu. Die Kernstädte verlieren vor allem ältere Bevölkerung an ihr näheres Umland, gleichzeitig profitieren sie nach wie vor von Zuwanderung aus dem Ausland. In der Bundesrepublik sind ältere Menschen an den Wanderungsvorgängen unterdurchschnittlich beteiligt. Die Kernstädte sind mit hohen Abwanderungsverlusten bei alten Menschen konfrontiert, wogegen diese in ländlichen Regionen so gut wie keine Rolle spielen. Das Umland der Kernstädte sowie z.B. das Alpen-Vorland verzeichnen in Bayern die höchsten Zuwanderungsgewinne von alten Menschen (Janich 1991).

Strukturelle Merkmale von Siedlungsgebieten, aus denen ältere Menschen wegziehen, sind eine hohe Siedlungsdichte bei fehlenden Erholungsflächen, hohe Wohndichte bei nur mehr geringer Wohnungsbauintensität, Lärmbelästigung, industrielle Emissionen und hohe Pkw-Dichten. Auf einen Nenner gebracht, sind es schlechte Wohnumfeldbedingungen bei erheblich eingeschränkten Erholungsmöglichkeiten in erreichbarer Nähe.[6]

---

[5] Selektivität liegt dann vor, wenn sich Migranten und Nicht-Migranten hinsichtlich bestimmter Merkmale (z.B. nach dem Alter) unterscheiden.

[6] Der Begriff der Erreichbarkeit ist in diesem Fall äußerst unscharf. Es existieren bislang keine eindeutigen Kriterien dafür, welche Dienste mit welchem Aufwand erreichbar sein müssen.

Strukturelle Merkmale der Zuwanderungsgebiete sind ein hoher Altenanteil an der Wohnbevölkerung, typische Umlandstruktur am Rand großer Verdichtungsräume, gesündere Umweltbedingungen, landschaftliche Attraktivität, überdurchschnittliche Wohnungsbautätigkeit und gute Erholungsmöglichkeiten mit spezieller Infrastruktur für ältere Menschen. Wichtig für die Zuwanderer ist eine gute Anbindung an Hauptverkehrsachsen, um bestehende soziale Kontakte und Aktivitätsfelder aufrechterhalten zu können. Die Altenwanderung ist in erster Linie ein Privileg der Gebildeten und Vermögenden. Die mobileren Alten sind gegenüber den Seßhaften in ihrer ökonomischen Situation wie auch in ihrem physischen Gesundheitszustand bessergestellt. Koch (1976) erklärt die Motive wanderungsbereiter Senioren damit, daß sie die Belastung in den Verdichtungsräumen bewußter erleben; gleichzeitig nimmt die Attraktivität in vielen ländlichen Räumen durch bessere Infrastrukturausstattung zu. Räumliche Arbeitsteilung wirkt dabei verstärkend auf die generative Entmischung: Die Erwerbsbevölkerung lebt in den Verdichtungsräumen, die Rentnerbevölkerung in den ländlichen Räumen. Gründe dafür sind die schlechten Erwerbschancen in ländlichen Gebieten für junge Menschen und schlechte Wohn- und natürliche Umweltbedingungen in den großen Städten für alte Menschen. Einrichtungen der Altenhilfe sind in ländlichen Räumen relativ selten anzutreffen, Pflegebedürftige werden dort in erster Linie noch von der Familie versorgt. In Zukunft wird im Zuge verstärkter Abwanderung der jüngeren Generation und kleinerer Familiengrößen diese Form der Altenpflege allerdings immer schwieriger und seltener werden (Heigl et al. 1994).

Auswirkungen altersspezifischer Migration auf die Altersstruktur
Bucher mißt hinsichtlich der regionalen Bevölkerungsentwicklung der Migration eine größere Rolle bei als den natürlichen Vorgängen der Geburten und Sterbefälle (Bucher 1994). Die Selektivität der Wanderungen wird regionale Alterung entweder beschleunigen oder abschwächen, und diese verursachen Altersstruktureffekte sowohl in den Herkunfts- als auch in den Zielregionen. In Räumen mit Wanderungsverlusten bleibt eine ältere Bevölkerung zurück und beschleunigt damit die Alterung. Ähnlich argumentiert auch Müller: Die unterschiedlichen Geburtenniveaus zwischen Stadt und Land hätten sich ausgeglichen und Fertilität als demographische Einflußgröße verringert. In Zukunft sei für ihn die Frage der Wanderungen entscheidend, weil sie hauptsächlich von den 20- bis 30-Jährigen getragen werde und diese das „demographische Nachwuchspotential" stellen (Müller 1983: 23). Die empirische Analyse in Kapitel 6 wird zeigen, daß diese Aussagen, insbesondere zur Fertilität, stark bezweifelt werden müssen.

Konkret für die Situation in Bayern stellen Ruppert et al. fest, daß sich die Wanderungsgewinne auf die großen Verdichtungsräume und deren Umland sowie mittelzentrale Orte im ländlichen Raum konzentrieren. Wanderungsverluste verzeichnen dagegen die strukturschwachen Räume Bayerischer Wald, Oberpfalz,

Oberfranken, nördliches und östliches Unterfranken sowie die Schwäbische Alb (Ruppert et al. in: Akademie für Raumforschung und Landesplanung 1981).

3.1.3 Soziale Entmischung

Definition

Soziale Entmischung ist das regionalsoziologische Pendant zum Begriff der räumlichen Segregation in der Stadtsoziologie: Sie ist die räumliche Folge sozialer Ungleichheit und wird definiert als das Ausmaß der disproportionalen Verteilung von Bevölkerungsgruppen auf die regionalen Teilgebiete. Der Begriff ist mehrdimensional: Er kann sich auf die ungleiche Verteilung beziehen, das Ausmaß der Konzentration einer Bevölkerungsgruppe oder die räumliche Distanz zwischen Gruppen. Statushohe Gruppen wohnen entweder in einem innenstadtnahen Wohngebiet oder in Wohngebieten mit besonderen topographischen Qualitäten (Fernblick, an Seen und Flüssen). Statusniedrige Gruppen wohnen in innenstadtnahen Wohngebieten mit hoher Besiedlungsdichte oder peripheren Neubausiedlungen (Akademie für Raumforschung und Landesplanung 1995: 845 ff.). Soziale und räumliche Differenzierung stehen in einem engen Zusammenhang: Das Ausmaß sozialer Entmischung ist abhängig vom Ausmaß der Einkommensungleichheit, dem Anteil von Minoritäten und der Größe des Raumes (makrosoziologische Erklärung). Je höher das Einkommen ist, desto größer werden die Wahl- bzw. Distinktionsmöglichkeiten. Es ist zu beobachten, daß sich Haushalte Wohngebiete suchen, in denen ein ähnlicher Lebensstil gepflegt wird (mikrosoziologische Erklärung). Altersspezifische Entmischung bezeichnet einen Vorgang zunehmender Disproportionalität der Altersgruppen-Anteile in einem Teilgebiet, gemessen an den Anteilen im Gesamtgebiet infolge altersspezifisch selektiver Migration.

Regionale und soziale Mobilität

Regionale Mobilität ist immer in Zusammenhang mit sozialer Mobilität zu sehen, also mit Aufstieg in der Einkommens-, Status- und Prestigehierarchie. Neben Änderungen im Altersaufbau kann regionale Mobilität zugleich eine Verschiebung der Sozialstrukturen bewirken, was in peripher gelegenen Passivräumen zusätzliche raumstrukturelle Probleme hervorrufen kann. Friedrichs stellt folgende Hypothesen zum Zusammenhang zwischen regionaler und sozialer Mobilität auf: „Wenn eine Person ihren sozialen Status verändert, dann ist eine Migration wahrscheinlich. Die Wahrscheinlichkeit steigt mit dem Ausmaß der Statusänderung an. Wenn sich die Stellung einer Person im Lebenszyklus ändert, dann ist eine Migration wahrscheinlich." (Friedrichs 1983: 142). Als Hauptursache freiwilliger Migration sieht er steigendes Einkommen bei sich gleichzeitig ändernder Stellung im Lebenszyklus. Die Richtung des Zusammenhangs ist allerdings unklar: Ist Migrationsbereitschaft eine notwendige Voraussetzung für sozialen Aufstieg, oder ist er die Ursache für berufsbedingte Wanderungen? Franz stellt fest, daß es trotz bisheriger Forschungsbemühungen noch nicht gelungen ist, den Zusammenhang zwischen horizontaler (regionaler) und vertikaler (sozialer) Mobilität eindeutig zu klären (Franz 1984: 148). Beide können allein oder in Kombination auftreten. Empirische Studien dazu sind schwierig durchzuführen, weil angemessene Meßinstrumente und Erhebungstechniken noch nicht entwickelt wurden. Problematisch ist, daß beide Mobilitätsaspekte in einen entsprechenden zeitlichen Rahmen einzuordnen sind. Die Studie von Blau und Duncan (1967) hat dieses Thema für die USA am differenziertesten abgehandelt. Sie kamen zu dem Ergebnis, daß mobile Personen vergleichsweise höhere Berufspositionen erreichen und bieten dafür zwei mögliche Erklärungen an: entweder die Mobilität selbst oder bestimmte Persönlichkeitsmerkmale der Betreffenden (z.B. höheres Bildungsniveau).

Schlottmann und Herzog (1984) untersuchten in den 80er Jahren regionale und soziale Mobilität in Zusammenhang mit der Altersselektivität von Migration in den USA. Der Einfluß beruflicher Aufstiegsmobilität auf die Wahrscheinlichkeit regionaler Mobilität gilt für sie als gesichert. Bei den jüngeren Erwerbstätigen gilt das stärker, weil bei den älteren Erwerbstätigen ein Karrieresprung seltener mit regionaler Mobilität zusammenhängt. Eine Studie von Mammey (1979) für Deutschland ergibt zwar eine starke Korrelation von räumlicher und sozialer Aufwärtsmobilität, soziale Abwärtsmobilität fördert ihrerseits gleichermaßen einen Wohnortwechsel. Eindeutige Ursachen-Wirkungs-Zusammenhänge lassen sich aus seinen Ergebnissen nicht ableiten (vgl. nächsten Abschnitt).

Als Fazit bleibt festzuhalten, daß soziale und altersstrukturelle Entmischung das soziale Gefälle zwischen den Regionen in der Vergangenheit in erheblichem Ausmaß gefördert hat und diese 'bevölkerungssoziologischen Sortierungsprozesse' weiter fortschreiten könnten. Diese Tendenz steht in klarem Widerspruch zu dem raumordnungspolitischen Ziel einer ausgewogenen quantitativen und qualitativen Verteilung der Bevölkerung (vgl. Kapitel 2). In den nächsten Abschnitten sollen Theorien dargestellt werden, die die zuvor beschriebenen regionalen Bevölkerungsvorgänge besser verstehen helfen und die theoretische Grundlage für die empirische Analyse bilden.

3.2 Der Beitrag der Sozialökologie zur Erklärung regionaler Bevölkerungsvorgänge

Sozialökologie ist der bedeutendste Ansatz zur Erklärung stadt- und regionalsoziologischer Fragestellungen (Hamm 1976: 107 ff.). Auf Aggregatebene sind in erster Linie kleinräumige, häufig auf Städte oder Stadtteile angelegte Studien vorgelegt worden. Es ist nicht möglich, diesen Theoriekomplex und die daraus hervorgegangenen empirischen Erkenntnisse unmittelbar auf großräumige Zusammenhänge zu beziehen (z.B. wenn spezifisch kleinräumige Indikatoren wie 'Gebäudealter' im Modell enthalten sind). Somit zeichnen die folgenden Ausführungen nicht die gesamte Geschichte theoretischer oder empirischer Sozialökologie nach. Es soll das Substrat dieser Theorie diskutiert werden, das für die Fragestellung dieser Arbeit relevant erscheint: Bevölkerungsstrukturen in größeren regionalen Einheiten.

3.2.1 Definition und Forschungsintention

Sozialökologie ist eine aus der Biologie, d.h. der Wissenschaft lebendiger Systeme entnommene Sichtweise für eine Disziplin, welche die Beziehungen der Menschen zu ihrer Umwelt betrachtet. In die Soziologie wurde dieser Begriff in den 20er Jahren eingeführt, und zwar von Park und Burgess mit ihrer Arbeit über das Verhältnis zwischen menschlichen Gemeinschaften und Umwelt vor dem Hintergrund siedlungsspezifischer Merkmale in Chicago. Es sollten Erkenntnisse in bezug auf abweichendes Verhalten und anderen Folgen sozialer Entmischung gewonnen werden.[7] Humanökologie ist das begriffliche Pendant zur Sozialökologie bei Fragestellungen, in denen das Verhältnis zwischen dem menschlichen Individuum und seiner Umwelt im Vordergrund steht. Beide sind keine eigenständigen Fachwissenschaften, sondern als Grundlagendisziplinen zwischen Natur- und Sozialwissenschaften angesiedelt.[8] Häufig wird gegen ökologische Ansätze eingewendet, daß der Einfluß der Politik auf soziale Vorgänge zu stark vernachlässigt werde. Diese Kritik widerspricht allerdings nicht der ökologischen Denklogik als solcher, sondern weist darauf hin, daß politisches Handeln und politische Systeme von Vertretern der sozial- und humanökologischen Theorie zu wenig beachtet wurden. In Chicago, dem 'Geburtsort' der Sozialökologie, war der Politikbereich schlichtweg eine vernachlässigbare Größe. Sobald Politik als wichtiger Umweltfaktor erkannt wird, könnte sie problemlos in ökologische Denkmodelle integriert werden.

Neben Sozial- und Humanökologie bildet die Kulturökologie einen dritten Pfeiler ökologischen Denkens.[9] Der kulturökologische Ansatz konzentriert sich auf die

---

[7] Über die Ursprünge der Chicagoer Schule vgl. König (1978). Zu einer ausführlichen theoriegeschichtlichen Darstellung der Sozialökologie vgl. Theodorson (1961) und Hamm (1976).
[8] Vgl. dazu die einführenden Kapitel in Glaeser (1989). Im Zusammenhang mit stadtsoziologischen Aspekten vgl. Michelson (1976).
[9] Vgl. zur Abgrenzung der Begriffe Sozialökologie, Humanökologie und Kulturökologie Teherani-Krönner (1992).

Rolle der kulturellen Mechanismen der Kultur-Umwelt-Beziehung (vgl. dazu Schmid 1992). Kulturökologie eignet sich zur Analyse der Anpassungsleistungen verschiedener menschlicher Gemeinschaften an ihre jeweilige Umwelt. Während das Mensch-Umwelt-Verhältnis in der Humanökologie auf der Individualebene und in der Sozialökologie auf kleinräumigen Untersuchungseinheiten (z.B. der Stadt) angelegt ist, legt die Kulturökologie ihren Schwerpunkt auf die vergleichende Analyse von Kulturen, die sich in Auseinandersetzung einer Gruppe mit ihren Existenzbedingungen entwickelt und teilweise verfestigt haben.

Sozialökologie fand ihren Ursprung in siedlungs- und stadtsoziologischen Fragestellungen. Die Siedlungssoziologie untersucht die sozio-kulturellen Aspekte als einen Teil der Mensch-Umwelt-Beziehungen (Raumverhalten). Sie bestehen aus den folgenden drei Elementen (Atteslander, Hamm 1974: 26 ff.; Hamm 1976: 96 ff.):

1. Morphologisches Element: Zusammensetzung, Verteilung und Veränderung von Bevölkerung im Raum;
2. Institutionelles Element: Verhaltensmuster, Werthaltungen, Ideologien und soziale Organisation;
3. Semiotisches Element: soziale Definitionen und Konfiguration von Symbolen.

Diese Elemente sind unauflöslich interdependent, können also nicht isoliert betrachtet werden. Hinzu kommt, daß sowohl hinter den einzelnen Elementen als auch hinter ihrem Zusammenwirken eine Dynamik steckt und somit historische Variabilität reflektiert wird. Für Prozeßanalysen schlagen Atteslander und Hamm die Verwendung des begrifflichen Instrumentariums der klassischen sozialökologischen Schule vor: Konzentration, Zentralisation, Segregation, Invasion und Sukzession.[10]

Psychologische und funktionale Elemente schlagen sich ebenso in der Sozialökologie nieder, auch wenn ihr das Fehlen dieser Elemente von den ebenfalls in Chicago wirkenden Sozialpsychologen unterstellt wurde. Hawley, einer der herausragendsten Vertreter des ökologischen Ansatzes und als solcher direkt damit konfrontiert, nahm dieser Kritik frühzeitig den Wind aus den Segeln: „The human community is more than just an organization of funcional relationships and to that extent there are limitations to the scope of human ecology. Man's collective life involves, in greater or less degree, a psychological and a moral as well as a functional integration. But these, so far as they are distinguishable, should be regarded as complementing aspects of the same thing rather than as seperate phases or segments of the community." (Hawley 1950: 73)

[10] Vgl. dazu auch die Diskussion sozialökologischer Konzepte bei McKenzie (1974).

3.2.2 Theoretische Positionen der Sozialökologie

Die Pioniere der Chicagoer Schule der Sozialökologie (Park, McKenzie und Burgess) legten keine ausformulierte Theorie vor, die Segregation von Altersgruppen erklärt. Sie begründen den unterschiedlichen Altersaufbau in städtischen Teilgebieten über den Faktor städtischen Wachstums. Dieses führe zur Strukturveränderung innerhalb der Stadt und damit zu selektiven Wanderungen. Für die Chicagoer Schule sind diese Vorgänge ein quasi 'natürliches' Resultat von Sukzessions-Prozessen, welche durch das Wachstum der städtischen Bevölkerung und die räumliche Ausdehnung der Stadt verursacht werden. Die altersspezifische Entmischung im speziellen führen sie auf die unterschiedliche Mobilität, je nach Stellung im Lebenszyklus, zurück (vgl. Abschnitt 3.1.2). Ein weiterer wichtiger Erklärungsfaktor, der Ausleseprozeß durch Konkurrenzverhalten der Menschen untereinander, läßt sich zweifellos bis Charles Darwin zurückverfolgen: „These spatial relationships of human beings are the products of competition and selection, and are continuously in process of change as new factors enter to disturb the competitive relations or to facilitate mobility. Human institutions and human nature itself become accomodated to certain spatial relationships of human beings. As these spatial relationships change, the physical basis of social relations is altered, thereby producing social and political problems." (McKenzie 1925: 64)

Burgess erweiterte die Denkkategorien Parks und McKenzies zu einer 'Theorie der konzentrischen Kreise' (Burgess 1925). Seinen Beobachtungen nach entwickeln sich Städte von den inneren Zonen aus nach außen. Um das Geschäftszentrum (Zone I) schließt sich eine Zone an, die sich in einem ständigen Übergang befindet und von sozial diskriminierten Menschen bewohnt wird (Zone II). In der nächsten Zone III befinden sich die Wohngebiete der Arbeiter mit Gewerbebetrieben und Kleinindustrie, die aus Zone II abgewandert sind. Darum schließt sich eine Zone (IV) der Wohlhabenden in großen Einfamilienhäusern, und in noch peripherer gelegenen Räumen beginnen die Suburbanisierungsgebiete. Im Jahr 1953 ergänzt er diese Zonenbeschreibung durch demographische, haushaltsstrukturelle und soziale Merkmale ihrer Bewohner (Burgess, Locke 1953). Diese von Burgess aufgestellte Systematik städtischen Wachstums, das von sozialer Entmischung begleitet ist, war Gegenstand zahlreicher theoretischer und empirischer Kritik (Hoyt 1939; Davie 1961). Dennoch konnte es als idealtypisches Modell nicht endgültig falsifiziert werden.

Hawley gilt als einer der ersten Revisionisten des klassischen sozialökologischen Ansatzes (Hawley 1950). Für ihn stellt die Struktur sozialer Beziehungen und ihre Organisation in einer Gemeinschaft die zentrale Kategorie dar. Zur demographischen Struktur einer Bevölkerung stellt er fest: „the organization of relationships in a population is an adaptation to its demographic structure... The most generalized influence of age and sex composition on population organization derives from the pattern of consumer habits it represents. The total structure is accommodated to the population's composition" (144). Deswegen läßt sich auch leicht erklären, warum sowohl der Anteil von Kindern und Jugendlichen als auch der von alten Menschen um so kleiner ist, je größer die Stadt ist. Die Strukturen urbanen Lebens sind auf kinderlose Paare oder alleinstehende Erwerbstätige zugeschnitten, die zumeist im Dienstleistungssektor beschäftigt sind. Bedürfnisse des klassischen Familientyps (Alleinverdiener, Hausfrau und mehrere Kinder) können in der Stadt nicht mehr befriedigt werden (vgl. dazu auch Wirth 1938).

3.2.3 Empirischer Forschungsstand auf der Ebene der Region

In diesem Abschnitt sollen einige empirische Ergebnisse der sozialökologischen Forschung präsentiert werden, die auf der Ebene der Region auf Zusammenhänge zwischen sozialer Umwelt und altersstruktureller Entmischung hinweisen. Forschungsergebnisse auf der Ebene der Stadt werden nur diskutiert, wenn sie auch auf größere Räume übertragen werden könnten. Die Typisierung der Forschungsansätze hat weitgehend Schütz (1985) vorgenommen. Er hatte sich in seiner Arbeit zum Ziel gesetzt, die Segregation der Altersgruppen in der Stadt zu erklären. Deshalb sei für ausführlichere empirische Ergebnisse auf Stadtebene auf seine Arbeit verwiesen.

Wettbewerbsmodelle
Wettbewerbsmodelle stellen das Konkurrenzverhalten um Wohnraum als wichtigen Erklärungsfaktor für Altersstrukturdifferenzen in den Mittelpunkt (Chevan 1982; Pampel, Choldin 1978). Entscheidend ist demnach die Fähigkeit der Haushalte, am Wohnungsmarkt aktiv aufzutreten, also eine gewisse finanziell abgesicherte Entscheidungsfreiheit über den eigenen Wohnstandort zu haben. Pampel und Choldin (1978) sehen hinter der Konzentration alter Menschen deren finanzielle Möglichkeiten, ihre Bedürfnisse zu befriedigen, die ihre Stellung im Lebenszyklus mit sich bringt.

Einen klassischen sozialökologischen Ansatz verfolgt Chevan auf der Basis einer Individualdatenanalyse; dabei kommt er zu dem Ergebnis, daß der Wohnstandort nicht allein von der Stellung im Lebenszyklus abhängt. Er hält die räumliche Konzentration alter Menschen für ein Ergebnis von Lebenszyklus, Einkommen und Haushaltsgröße (vgl. Abbildung 3.2). Direkte positive Effekte haben das Gebäudealter (.309), die urbane Siedlungsstruktur (.165) sowie das Alter des Haushaltsvorstands. Einen erwartungsgemäß negativen Effekt hat die Haushaltsgröße. Dies verwundert nicht, weil größere Haushalte auch einen größeren Anteil an Kindern und Jugendlichen haben (-.153). Es fällt schwer, diese Zusammenhänge als Ursache-Wirkungsmechanismen zu interpretieren, wie sie in Chevans Pfadmodell unterstellt werden. Offensichtlich haben die Aussagen, die sich aus dem Modell ableiten lassen, tautologischen Charakter.

Abbildung 3.2: Pfadmodell zur Erklärung der Altersstruktur regionaler Einheiten[11]

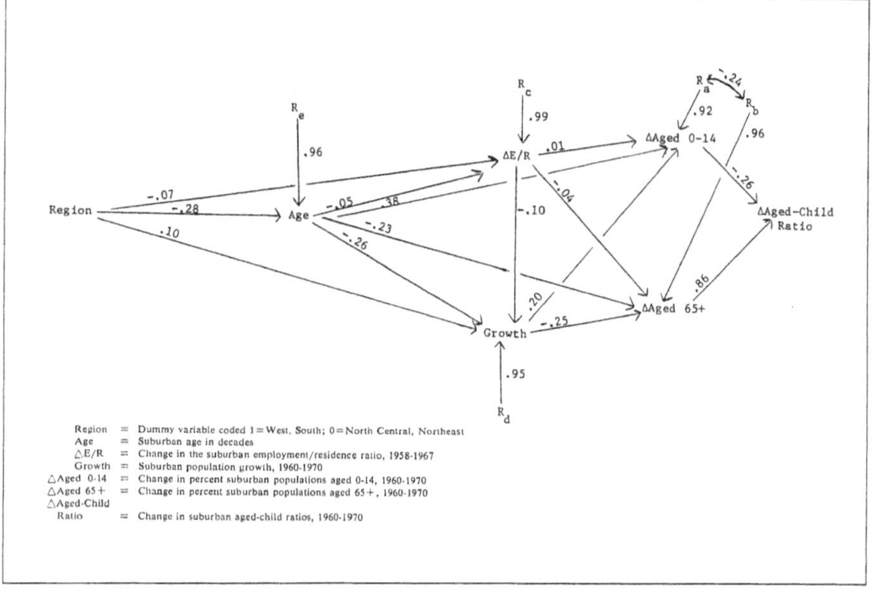

Quelle: Chevan 1982: 1141.

Dynamische Modelle

In dynamischen Modellen verändert sich mindestens eine erklärende Variable im Zeitablauf. In der Regel ist das eine Variable, die sich auf das Städte- oder Bevölkerungswachstum bezieht (jährliche Bevölkerungswachstumsraten oder Wohnungsbau).

Sclar (1976) hat eine überdurchschnittliche Konzentration der über 64-Jährigen in Stadtzentren festgestellt. Er untersuchte 78 Zensusgebiete der Region Boston zwischen 1930 und 1970 und erklärt das Ergebnis mit der relativ geringen Mobilität alter Menschen. Sie verbleiben in ihren Eigenheimen und alten Mietwohnungen im Stadtzentrum. Sclar ist Anhänger des Lebenszykluskonzepts und bezweifelt die Erklärungskraft ökonomischer Theorien, weil ökonomische Indikatoren zum Beispiel wenig in Zusammenhang mit Ethnizität erklärten. Das Einkommen

[11] Chevans Analyse der abhängigen Variablen basiert auf der Aggregatebene sogenannter 'Neighbourhoods', die in der Regel etwa 4000 Personen umfassen (N=18.005).

ist zwar stark mit dem Alter korreliert. Es ist allerdings nicht sicher, daß bei steigendem Einkommen auch mehr Wohnraum nachgefragt wird oder daß steigende Einkommen ausreichen würden, die Wohnbedürfnisse zu befriedigen. Alle Modelle Sclars können die realen Vorgänge nicht hinreichend erklären. Seiner Meinung nach könne dies nicht nur am Modell selbst liegen, sondern auch an der Qualität seiner Daten, der Operationalisierung oder der statistischen Methode.

Cowgill (1978) führte eine Zeitreihenanalyse in den metropolitanen Zensusgebieten der USA durch. Bei ihm sind Ausmaß und Zunahme der Altersgruppen-Segregation in erster Linie durch das Bevölkerungswachstum und die Bevölkerungsgröße bestimmt. Das ist damit zu erklären, daß die zuwandernde Bevölkerung relativ jung ist und sich möglichst identische Wohnstandorte wählt. Cowgill unterstellt dabei, daß die Wohnungssuchenden nicht eingeschränkt werden durch zu niedriges Einkommen oder fehlende altersspezifische Infrastruktur.

Stahura (1980) bezieht sich in seiner Analyse auf Duncan, der den 'ökologischen Komplex' aus den Dimensionen Bevölkerung, Technologie, sozialer Organisation und Umwelt entwickelt hat.[12] Die Variation einer dieser Dimensionen bedeutet gleichzeitig die Variation aller anderen. Ausgangspunkt bei Stahura ist die soziale Organisation, die sich durch zunehmende Arbeitsteilung in der Agglomeration verändert (Wohngemeinde, Arbeitsgemeinde oder auch ergänzend Freizeit- und Konsumgemeinde). Sie ist die unabhängige Variable, Altersstrukturveränderungen zu erklären (Hawley 1950). Stahura untersuchte die Entwicklung von 816 suburbanen Zonen in den USA zwischen 1960 und 1970. Die Variablen der sozialen Organisation (Ausdifferenzierung zwischen Wohngemeinden und Arbeitsgemeinden) zeigten bei der empirischen Überprüfung seines Modells keine direkte Wirkung auf die zu erklärende Variable. Dies liegt wohl auch daran, daß sich die Altersstrukturen in diesem Zeitraum nicht allzu stark geändert haben (vgl. zu dieser Problematik Abschnitt 4.2). Schütz kritisiert an Stahura zu Recht, daß seine Ergebnisse im Prinzip inhaltsleer seien; außerdemographische Variablen hätten nur schwache indirekte Effekte auf den Altersquotienten (Schütz 1985: 30 ff.). Außerdem wären die empirischen Ergebnisse aus den 60er Jahren sicherlich nicht ohne weiteres auf heutige Verhältnisse übertragbar.

La Gorys (1981) Modell verbindet ein dynamisches mit einem Wettbewerbsmodell. Die dynamische Variable ist in ihm das Städtewachstum. La Gory kommt zu dem Ergebnis, daß regionalspezifische Zusammenhänge zwischen Gebäudewert und Altersquotient bestehen; die Vorgänge, die diese Kausalität begründen, sind in seinem Modell aber nicht erfaßt. Zur Erklärung greift er lediglich auf das Lebenszyklus-Konzept zurück und behauptet, daß sich Altersstrukturdifferenzen nicht auf soziale oder ethnische Diskriminierung zurückführen ließen. Wenn der

[12] Zum kulturökologischen Komplex und seiner Erweiterung vgl. Schmid (1992).

Wettbewerb um Wohnraum hart wird, könnten ältere Menschen immer weniger an ihm teilnehmen. Diese Studie beschränkt sich auf urbane Zonen; es ist daher fraglich, ob die Ergebnisse für ländliche Gebiete ähnlich ausfallen würden.

Statische Modelle

Merkmal statischer Modelle ist, daß sie weder eine Wettbewerbs- noch eine Wachstumsvariable enthalten. Sie basieren auf reinen Querschnittsanalysen. Alle im Modell enthaltenen Variablen beziehen sich auf einen bestimmten Zeitpunkt t.

Myers (1978) prüft regressionsanalytisch den Einfluß des Gebäudealters, des Anteils von Eigentümer-Haushalten und der Wohndauer auf den Anteil der 5- bis 9-Jährigen. Er errechnet einen starken negativen Einfluß der Wohndauer auf seine abhängige Variable. Dies ist für ihn eine Bestätigung der These, wonach die Bevölkerung in ihren Wohnquartieren altert und nach dem Auszug der Kinder keine Anpassungswanderung vollzieht. Myers interpretiert seine Ergebnisse dahingehend, daß Mittelschicht-Familien nicht aus der Stadt flüchten, sondern aus ihr hinausgedrückt werden, weil sie innerhalb der Kernstadtzonen ihre spezifischen Bedürfnisse nicht mehr befriedigen können. Problematisch bei Myers ist die Operationalisierung der abhängigen Variable. Es ist zu bezweifeln, ob Altersstrukturen durch den Anteil der 5- bis 9-Jährigen hinreichend charakterisiert sind (vgl. Kapitel 5).

Knauß (1979) stellt in seiner Untersuchung Stuttgarter Stadtbezirke fest, daß die Bevölkerungsverteilung das Resultat räumlicher Verbindungen ist. Die Konzentration von Altersgruppen in bestimmten Stadtbezirken ist ihm zufolge vom Lebenszyklus bestimmt. Zum Zusammenhang zwischen ökonomischen und siedlungsstrukturellen Determinanten stellt er fest, daß sie letztlich nicht eindeutig voneinander zu trennen seien. Die Indikatoren könnten je nach Interpretation der einen oder anderen Kategorie zugeordnet werden.

Zusammenfassend kann man von der empirischen sozialökologischen Forschung zu altersstrukturellen Differenzen im Raum folgendes festhalten:

- Das Bevölkerungswachstum sowie lebenszyklisch bedingte Wanderungen oder Nicht-Wanderungen sind wohl die wichtigsten Einflußfaktoren auf altersstrukturelle Entmischung.
- Dahinter stehen Indikatoren wie individuelle regionale Mobilität oder ausreichende finanzielle Möglichkeiten, sich den gewünschten Wohnstandort auszuwählen. Wie gesehen, sind die meisten Untersuchungen in den USA durchgeführt worden. Insofern muß bedacht werden, daß sich die Verhältnisse in Deutschland ganz anders darstellen könnten.

Die Sozialökologie hat einen breiten Wissensfundus über Zusammenhänge zwischen Umwelt, Institutionen und menschlichem Verhalten geschaffen. Im Zuge der Problematik, sozialökologische Theorie empirisch umzusetzen, wurden alternative Konzepte entwickelt, das Verhalten der Menschen im Raum verstehen zu helfen.

3.3 Alternative Konzepte zum sozialökologischen Ansatz

In diesem Abschnitt sollen kurz alternative Ansätze zur Sozialökologie erörtert werden, die zum Teil dem sozialökologischen Denken entsprungen sind, zum Teil aber auch völlig andere Zugänge beinhalten, altersstrukturelle Entmischung zu erklären.

Sozialraumanalyse
Die Sozialraumanalyse läßt sich direkt auf die Sozialökologie zurückführen. Die sozialökologische Theorie wird im Grunde genommen nur auf größere territoriale Einheiten angewandt. Damit wird es möglich, mit hochaggregierten Daten oder Volkszählungsergebnissen zu arbeiten, die in der Regel leichter zugänglich sind. Sozialräumliche Strukturen lassen sich auf den sozio-ökonomischen Status der Bewohner, den Grad an urbanen Strukturen und die ethnische Segregation eines Raumes beziehen (Shevky, Bell 1955). Hill (1976) führte eine Sozialraumanalyse für kanadische urbane Gebiete durch. Betrachtet wurden die Dimensionen Familien-Lebenszyklus, Einkommensdisparitäten und ethnische Heterogenität. Ergebnis war – ähnlich wie bei den klasssischen dynamisch-sozialökologischen Studien – auch hier ein positiver Zusammenhang zwischen Bevölkerungswachstum und altersspezifischer Segregation.

Kultureller Ansatz
Im kulturellen Ansatz wird der ökonomische Aspekt vernachlässigt und betont, daß der Raum einen symbolischen und 'sentimentalen' Wert habe. Die wichtigsten Vertreter dieses Ansatzes sind Louis Wirth, Firey und Michelson. Kultur vermittelt zwischen natürlicher Umwelt und sozialen Beziehungen und ermöglicht erst damit, Probleme der Urbanisierung zu bewältigen. Die Menschen wollen sich eine homogene, weniger komplexe Umwelt schaffen, was die Lebensführung vereinfachen soll. Damit wird die Tendenz zu homogenen Siedlungsstrukturen erklärt (z.B. 'Schlafstädte' oder Neubaugebiete mit fast ausschließlich jungen Familien).

Der Sozialgeograph Eugen Wirth (1979), nicht zu verwechseln mit dem bereits erwähnten Sozialökologen Louis Wirth, integriert in seiner ansatzübergreifenden Theorie menschlichen Verhaltens im Raum eine 'kulturgeographische Kräftelehre'. Kräfte werden von ihm definiert als Determinanten räumlicher Differenzierung und räumlicher Prozesse, die auf regelhaft gleichgerichtetes Handeln zurückzuführen sind. Gesellschaftsspezifische Wertsysteme, Verhaltensnormen und Rollenerwartungen werden verknüpft mit vorgegebenen realen Raumsituationen (Klima, Landschaft). In einer Übersicht sollen die drei unterschiedlichen Kräftedimensionen (ökonomische, soziale, politische) dargestellt werden (vgl. Abbildung 3.3). Diese Kräfte lassen sich schließlich an den jeweiligen Einzelindikatoren festmachen. In Wirths Ansatz sind viele theoretisch denkbare Kräfte enthalten. Es läßt sich allerdings kritisieren, daß weder Aussagen über kollineare Interdependenzen der Kräfte zueinander getroffen, noch Hinweise auf mögliche Wechselwirkungen zwischen den Kräften gegeben werden. Außerdem erscheint es problematisch, Indikatoren der Mikro- und Makroebene gemeinsam zu verwenden, ohne sie systematisch zu trennen.

Abbildung 3.3: Das Modell der kulturgeographischen Kräfte nach Eugen Wirth

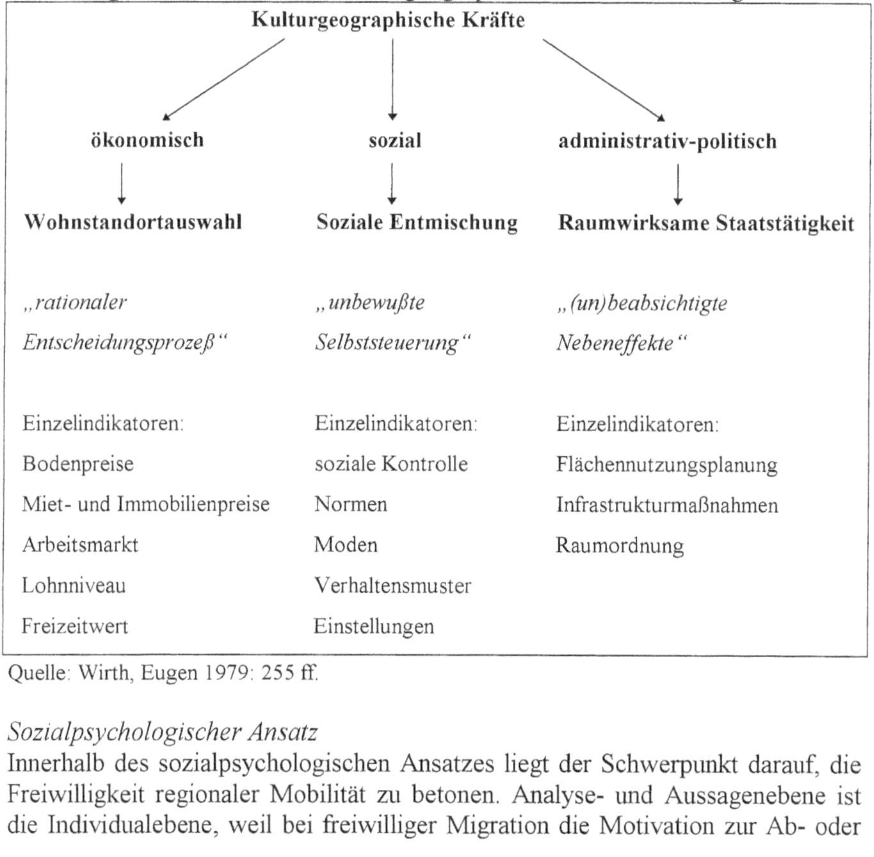

Quelle: Wirth, Eugen 1979: 255 ff.

Sozialpsychologischer Ansatz

Innerhalb des sozialpsychologischen Ansatzes liegt der Schwerpunkt darauf, die Freiwilligkeit regionaler Mobilität zu betonen. Analyse- und Aussagenebene ist die Individualebene, weil bei freiwilliger Migration die Motivation zur Ab- oder

Zuwanderung die entscheidenden Erklärungsvariablen bilden.[13] Ipsen (1976) fand heraus, daß der Wohnungsmarkt von sozialen Privilegien der Wohnungsnachfrager und sozialen Einstellungen der Wohnungsanbieter geprägt sei. Dies führe dazu, daß Menschen mit niedrigem sozialem Status häufig Wohnungen mit schlechter Ausstattung bewohnen. Zu ähnlichen Ergebnissen kamen auch bereits Whyte (1956) und Riesman (1957) in den 50er Jahren, als sie eine freiwillige Absonderung der 'sururbanites' feststellten. Motivationsgründe waren die Flucht vor industrieller Lebensweise und den Nachteilen des Stadtlebens, wie hohe Kriminalität, Luftverschmutzung und Lärm.

Entscheidungstheoretische Aspekte bewirken sicherlich ein besseres Verständnis für Selektionsvorgänge. Letztlich basieren sie dennoch auf objektiven strukturellen Gegebenheiten. Deswegen erscheint der sozialpsychologische Ansatz eher dazu geeignet, Erkenntnisse aus makrosoziologischen Studien zu ergänzen. Für sich allein genommen, lassen sich aus der Sozialpsychologie nur schwer strukturelle Zusammenhänge herleiten.

Politisch-diskriminatorischer Ansatz

Der Vollständigkeit halber soll zum Abschluß noch auf einen Ansatz hingewiesen werden, in dem im Gegensatz zu den anderen Theorien die Unfreiwilligkeit räumlicher Segregation betont wird (Ford 1950, Taeuber, Taeuber 1965). Sie sei das Resultat eines nicht jedermann frei zugänglichen Marktes, da der Statusverlust bestimmter Randgruppen zu Stigmatisierung führe und somit kein Wettbewerb unter Gleichen funktioniere. Je stärker der Minoritäts-Status der Gruppe, desto stärker sei der Zustand sozialer Entmischung. Mit dieser Theorie ist es nicht möglich, altersstrukturelle Unterschiede zwischen Bevölkerungen inhaltlich konsistent zu erklären, außer es wird bestimmten Altersgruppen ein diskriminierender Status zugeschrieben. Dies wäre nur dann der Fall, wenn ältere Menschen gegen ihren Willen räumlich konzentriert werden. Zwar sollen sich solche Vorgänge inzwischen tatsächlich in Japan auf kleinen, vorgelagerten Inseln abspielen, dem Kriterium der Übertragbarkeit und Verallgemeinerbarkeit wird diese Theorie aber keinesfalls gerecht.

Nachdem in diesem Kapitel wichtige regionale Bevölkerungsvorgänge und ihre theoretischen sowie empirischen Erklärungsmuster vergleichend dargestellt worden sind, soll im nächsten Kapitel der Schwerpunkt auf der Diskussion geeigneter Maße liegen, mit denen Altersstrukturdifferenzen möglichst gut erfaßt werden können. Die Darstellung der empirischen Forschungsergebnisse auf sozialökologischer Basis hat soeben gezeigt, daß eine angemessene Operationalisierung der abhängigen Variablen bisher zu wenig beachtet wurde.

---

[13] Vgl. dazu die Ausführungen zu Gatzweiler in Abschnitt 3.1.1 sowie Milgram (1970).

4. Beschreibung der Daten und Methodik

In diesem Kapitel sollen kurz das zugrundegelegte Datenmaterial und die Methoden beschrieben werden, mit denen die Daten bearbeitet wurden.

4.1 Beschreibung der Datengrundlage

Für die Untersuchung wurden die Bevölkerungsdaten der 96 bayerischen Kreise und kreisfreien Städte sowie der 7 Regierungsbezirke zum 31.12.1993 herangezogen. Sie basieren auf den Fortschreibungsergebnissen der Volkszählung 1987. Eine Sonderauswertung des Bayerischen Landesamts für Statistik und Datenverarbeitung ermöglichte die Verwendung von Einzelaltersstufen bis zum vollendeten 74. Lebensjahr. Aufgrund der dann schwach besetzten Altersstufen, in denen Fortschreibungsfehler zu starken Verzerrungen führen können, lagen auf Kreisebene Bevölkerungsdaten nur noch für 5-Jahres-Altersstufen bis zum vollendeten Alter 84 sowie für die nach oben offene Kategorie '85 und älter' vor. Für die Regierungsbezirke konnten die Einzelaltersstufen bis zum vollendeten 98. Lebensjahr verwendet werden.

Bis auf wenige Ausnahmen entstammen alle anderen Daten der laufenden Raumbeobachtung der Bundesforschungsanstalt für Landeskunde und Raumordnung in Bonn (BfLR 1995). Die Beobachtungsdaten beziehen sich auf die Jahre 1991 bis 1993, die Verlaufsdaten auf den Zeitraum zwischen 1.1.1980 und 31.12.1992. Die Berechnungsalgorithmen der jeweiligen Indikatoren sind genau beschrieben und erleichtern somit die Interpretation der Ergebnisse erheblich. Folgende Indikatoren waren für die Analyse unabdingbar und mußten zusätzlich vom Bayerischen Landesamt für Statistik und Datenverarbeitung für das Jahr 1993 bezogen werden:

- die Zahl der Geborenen
- die Zahl der Gestorbenen
- die Zahl der Gestorbenen der über 75-Jährigen
- die Zahl der Personen in Heimen der Altenhilfe
- die Steuereinnahmekraft je Einwohner in DM

Die Datenlage ließ es nicht zu, daß sich alle Daten auf das Jahr 1993 oder auf einen bestimmten Zeitpunkt des Jahres 1993 beziehen. Die verwendeten Makroindikatoren sind über kleinere Zeiträume aber so robust, daß keine erheblichen Verzerrungen der strukturellen Zusammenhänge aus diesem Grunde zu erwarten sind.

Bei allen Indikatoren handelt es sich durchweg um ökologische Daten, d.h. zusammengefaßte Einzelmerkmale (z.B. Zahl der sozialversicherungspflichtig Beschäftigten) oder Globalmerkmale (z.B. Universitätsstadt). Das Verhalten von Einzelpersonen kann somit nicht mehr berücksichtigt werden. Auf die Problematik des 'ökologischen Fehlschlusses', also die fehlerhafte Interpretation von Aggregatdaten auf Individualebene, hat erstmals Robinson (1950) hingewiesen. Er stellte dies am Zusammenhang zwischen Immigrantenanteil und Analphabetenquote in amerikanischen Städten dar. Je höher der Anteil an Zuwanderern, desto höher war der Anteil an Analphabeten. Man könnte nun daraus schließen, daß die Zuwanderer unterdurchschnittlich des Lesens und Schreibens fähig wären. Auf Individualebene stellte sich aber das Gegenteil heraus. Die Erklärung ist, daß Zuwanderer zunächst vermehrt in Stadtgebiete mit einem hohen Anteil an Unterschichtsangehörigen und somit einem ebenfalls hohen Anteil an Analphabeten gezogen waren, um Integrationskosten zu minimieren. Aufgrund dieser Befunde wurden zwar Techniken entwickelt, den ökologischen Fehlschluß auszuschalten, diese sind allerdings nur mit entsprechenden Einschränkungen anwendbar. Die einfachste Lösung besteht darin, im Zuge der Interpretation von Zusammenhängen die Ausdrucksweise zu kontrollieren und mit der Aussagenebene auf der Analyseebene der Aggregatdaten zu verbleiben.[14]

4.2 Operationalisierung und Methodik

Kreise und kreisfreie Städte als Untersuchungseinheiten sind nicht nur räumlich unterschiedlich groß, sondern führen aufgrund ihrer jeweiligen Einwohnerzahl auch zu einer verschieden starken Aggregation der Daten. Trotzdem wurden die Daten nicht nach Flächengröße oder Einwohnerzahl gewichtet. Dies erscheint nicht erforderlich, weil bei der Interpretation der Ergebnisse nicht auf Individualverhalten geschlossen wird. Im Mittelpunkt der Analyse stehen strukturelle Zusammenhänge und kausale Beziehungen, wobei z.B. siedlungsstrukturelle Unterschiede bewußt als erklärende Faktoren berücksichtigt werden. Wo es notwendig war, wurden Indikatoren (z.B. Zahl der Personen in Heimen der Altenhilfe) auf die Gesamtzahl der Einwohner bezogen.

Um das Durchschnittsalter für die Kreise berechnen zu können, mußte eine Methode erarbeitet werden, für die Altersstufen oberhalb 75 Einzelalterswerte zu erzeugen, die der wahren Verteilung möglichst nahe kommen (vgl. Abschnitt

[14] Einen guten Überblick über Aggregatdatenanalyse, Fehlschlußproblematik und Lösungsmöglichkeiten bieten Shively (1969) und Langbein et al. (1978). Die eleganteste Lösung, den ökologischen Fehlschluß zu vermeiden, hat Goodman in den 50er Jahren mit der Methode der ökologischen Regression vorgenommen (Goodman 1959). Die aufwendigste ökologische Analyse in Deutschland hat Falter (1991) mit seiner Wähleranalyse der NSDAP vorgelegt.

5.2.3.1). Es wurde so verfahren, daß in diesen Altersstufen dieselben Verteilungen angenommen wurden wie in den Regierungsbezirken, denen die Kreise angehören (für die Bezirke lagen die Daten nach Einzelalter vor). Das Berechnungsverfahren erwies sich zwar als aufwendig, war aber unumgänglich, sollten gravierende Verzerrungen bei der Berechnung des arithmetischen Mittels vermieden werden.

Zentraler Untersuchungsgegenstand dieser Arbeit ist es, die räumlichen Strukturbedingungen herauszuarbeiten, die zu Differenzen im Altersaufbau von Bevölkerungen auf Kreisebene führen. Hierzu erscheint die Methode der Querschnittsanalyse aus folgenden Gründen angebracht:

- Es sollen keine demographischen Alterungsverläufe analysiert oder regionale Bevölkerungsvorausschätzungen erstellt werden (Hierzu wären Längsschnittanalysen unabdingbar).
- Altersstrukturen ändern sich ständig; Differenzen im Altersaufbau verändern sich aber aufgrund der langfristigen demographischen Wirkungen nur über einen langen Zeitraum hinweg. Um diese Veränderungen zu analysieren, bedarf es einer konsistenten Datenlage über mehrere Jahrzehnte hinweg.

Eine ex-post-Analyse erscheint deshalb sinnvoller: Es sollen die raumstrukturellen Merkmale herausgearbeitet werden, die zur gegenwärtigen Situation geführt haben, um daraus Konsequenzen für die zukünftige Raumplanung ziehen zu können.

5. Maße zur Charakterisierung von Altersstrukturen

5.1 Altersstruktur und „Demographische Alterung“: interregionale versus intertemporale Analyse

In dieser Untersuchung geht es um einen Querschnittsvergleich unterschiedlicher Bevölkerungsstrukturen (interregionale Analyse), nicht um den demographischen Alterungsprozeß[15], also die zeitliche Veränderung von Zuständen (intertemporale Analyse). Erstere ist eher in der Bevölkerungsgeographie angesiedelt. Letztere ist vor allem Gegenstand demographischer Analysen im Bereich bevölkerungsdynamischer Fragestellungen. Dennoch ist eine Zustandsanalyse ohne Kenntnis grundlegender Zusammenhänge der Bevölkerungsdynamik nicht möglich. Ein zu messender Zustand ist das Ergebnis zuvor abgelaufener Prozesse. Diese Prozesse sind in ihren Bedingungen und Auswirkungen äußerst komplex, wie vorliegende Untersuchungen zu dieser Thematik zeigen. Dabei geht es vorwiegend um folgende Fragestellungen: Was bedeutet demographische Alterung sowohl methodisch als auch inhaltlich? Wie ist sie korrekt zu messen? Welche Ursachen sind für eine bestimmte Stärke des demoghraphischen Alterns verantwortlich (z. B. ein Rückgang der Fertilität oder eine Zunahme der Lebenserwartung)?

Wie sich die Bevölkerungsvorgänge (Geburten, Sterbefälle, Wanderungen) jeweils auf den Alterungsprozeß von Bevölkerungen auswirken, ist in Pionierstudien unter anderen von Kaufmann (1960 und 1964), Schwarz (1967), Keyfitz (1968), Veyret-Verner (1971) und Coale (1972) dargestellt. Während Kaufmann und Schwarz den Wanderungsbewegungen zunächst keine Bedeutung beimessen, ergaben die anderen Studien, daß Wanderungsbewegungen mitunter schnell ablaufende Prozesse sind und ab einem gewissen Volumen an Zu- oder Abwanderung starke Veränderungen der Altersstruktur bewirken können. Veränderungen, die auf die natürliche Bevölkerungsbewegung zurückgehen, verlaufen langsamer: Der Rückgang der Fruchtbarkeit verringert zunächst nur den Anteil der jüngsten Altersgruppen. Erst wenn diese Kohorten in das reproduktive Alter eintreten, verringern sie die Elterngeneration und senken damit die Geburtenhäufigkeit, selbst wenn das generative Verhalten unverändert bleiben sollte. Somit bewirkt der Geburtenrückgang eine Generation später eine sich verringernde Zahl an Neugeborenen (Echoeffekt). Wenn die relativ gering besetzten Jugendjahrgänge ins hohe Alter kommen, wird der Jahrzehnte vorher stattgefundene Geburtenrückgang eine relative Verjüngung der Gesamtbevölkerung bewirken. Die Geburtenhäufigkeit

[15] Demographische Alterung, also die chronologische Messung in Jahren ab dem Zeitpunkt der Geburt von Bevölkerungsaggregaten, ist wiederum zu unterscheiden von biologischer Alterung, bei der genetische, verhaltensbedingte und Umwelteinflüsse eine große Rolle spielen und in der Regel auf Individuen bezogen werden.

der Vergangenheit determiniert sowohl die zukünftigen absoluten Zahlen als auch die Anteile älterer Menschen an der Gesamtbevölkerung (vgl. Siegel 1980). Die Verringerung der Mortalitätsziffern kann sich sowohl verjüngend als auch alternd auswirken. Entscheidend ist, in welchen Altersstufen der Sterblichkeitsrückgang stattfindet.[16] Preston, Himes und Eggers (1989) sowie auf deren Studie aufbauend, Valkovics (1992), präzisieren in formaler Darstellungsweise diese komplexen Zusammenhänge, indem sie den jeweiligen Anteil der drei Bevölkerungsvorgänge an den altersspezifischen Wachstumsraten errechnen.[17]

Mittels eines „Dekompositionsverfahrens“ sind die jeweiligen Wirkungen von Fertilität, Mortalität und Wanderungen auf reale Bevölkerungsstrukturen für die Vergangenheit genau zu bestimmen. Welche dieser Faktoren zu welchem Zeitpunkt demographische Alterung verursachen, hängt von der Stärke und Dauer von Parametervariationen ab. Allgemeine Aussagen, wonach z.B. Veränderungen der Fertilität größere Auswirkungen haben als Veränderungen der Mortalität, sind demnach unzulässig. Am Beispiel des stabilen Bevölkerungsmodells könnte gezeigt werden, wie hoch etwa Mortalitätsrückgänge sein müßten, um die gleiche Wirkung zu haben wie ein bestimmter Fertilitätsrückgang. Werden nun Zu- und Abwanderungen mit jährlich schwankendem Volumen und veränderter Altersstruktur der Wandernden miteinbezogen, wird die Komplexität dieser Vorgänge offensichtlich.

Die genannten bevölkerungsdynamischen Zusammenhänge müssen bei einer strukturvergleichenden Analyse mitbedacht werden. Zunächst verjüngend wirkende Vorgänge können wenige Jahrzehnte später zu einem Altersaufbau mit einem relativ höheren Anteil alter Menschen führen. In den folgenden Abschnitten werden Maße benannt, beschrieben und bewertet, die im Hinblick auf eine adäquate Messung von Altersstrukturen verwendet werden. Alle Maße können dem Zweck des Vergleichs von Bevölkerungen dienen. Darüber hinaus beschreiben sie den demographischen Alterungsprozeß. Die Vor- und Nachteile der einzelnen Maße in bezug auf die Messung des Alterungsprozesses werden anläßlich der

---

[16] Bourgeois-Pichat hat anhand des stabilen Bevölkerungsmodells bereits im Jahre 1950 mathematisch nachgewiesen, daß sich die Altersquote bei einem Sterblichkeitsrückgang unterhalb des Alters 30 vermindert, während sie sich bei einem Sterblichkeitsrückgang oberhalb des Alters 30 erhöht (Bourgeois-Pichat 1950: 100 f.).

[17] Das von Preston, Himes und Eggers entwickelte Konzept der altersspezifischen Wachstumsraten eignet sich nur zur Beschreibung eines bevölkerungsdynamischen Alterungsprozesses (Preston et al. 1989). Demographische Alterung liegt dann vor, wenn die Wachstumsraten der höheren Altersstufen größer sind als die der unteren. Da die Wachstumsraten in den einzelnen Altersstufen sich aber stark unterscheiden und gegenläufige Tendenzen haben können, handelt es sich auch nicht um ein eindimensionales Maß zur Beschreibung von Alterungsprozessen. Ein solcher Nachteil schränkt die Anwendbarkeit dieses Ansatzes für viele Fragestellungen erheblich ein.

hier angestellten Querschnittsanalyse nicht mehr diskutiert, weil sie sich weitgehend mit den Vor- und Nachteilen decken, die schon bei Darstellung des Strukturvergleichs offenkundig geworden sein werden (vgl. Abschnitt 5.2): Die Frage, wann eine Bevölkerung altert, lautet in formaler Form, wann eine Bevölkerung A 'älter' ist als eine Bevölkerung B. Allerdings müssen die Ergebnisse von Quer- und Längsschnittanalyse dabei nicht unbedingt identisch sein. Die Vereinten Nationen haben in ihrer Definition eindeutig festgelegt, wann eine Bevölkerung A demographisch 'älter' ist als eine Bevölkerung B: Falls man je ein Mitglied aus A und B paarweise so gruppieren kann, daß in jedem Paar die zu A gehörende Person älter ist, so ist Bevölkerung A älter als B (United Nations 1956). Diese Definition setzt aber zwei gleich große Bevölkerungen voraus und kann zudem das Resultat 'weder – noch' ergeben. Will man eine Rangfolge vieler realer Bevölkerungen nach ihrem Alter herstellen, ist diese Definition gar nicht mehr anwendbar, da sie zu keinen eindeutigen Ergebnissen mehr führt. Die Definition der Vereinten Nationen ist also nicht praktikabel.

5.2 Eindimensionale Maße zur Charakterisierung von Altersstrukturen

Ob ein Maß zur Charakterisierung von Altersstrukturen geeignet ist, bestimmt sich danach, wie Methode und inhaltliche Kriterien aussagekräftig zusammengehen. Fast immer sind die Analyse des demographischen Alterungsprozesses und des Strukturvergleichs mit einer inhaltlichen Fragestellung verbunden. So ist die Frage nach der Größe der Rentnerpopulation oder der Zahl der Pflegebedürftigen stark abhängig vom Anteil der Hochbetagten an einer Bevölkerung (in der Regel werden deshalb Abhängigkeitsquoten als geeignete Maße herangezogen). Zum Vergleich von Erwerbsbevölkerungen dagegen ist dieses Maß unbrauchbar, hier ist die Anwendung später noch näher zu beschreibender Maße sinnvoller. Je nach Verwendung des Maßes können die Ergebnisse sowohl im Quer- als auch im Längsschnittvergleich zu unterschiedlichen Ergebnissen führen, wenn auch die Maße untereinander sehr hoch korrelieren können.

Eine wichtige Anforderung an das Maß ist dessen Eindimensionalität, das heißt: Für das Forschungsdesign dieser Untersuchung kommen nur solche zumindest intervallskalierten Maße in Frage, die eine Altersstruktur mit nur einem Wert beschreiben und damit eindeutige Ergebnisse ermöglichen: Es müssen sich Aussagen folgender Art machen lassen: Je höher oder niedriger dieser Wert, desto 'älter' oder ' jünger' eine Bevölkerung. Weitere, aber demgegenüber sekundäre Eignungskriterien sind

- möglichst geringe Anforderungen an die benötigten Daten (Detaillierung),
- unmittelbare Anschaulichkeit,
- einfache Berechenbarkeit und
- breite Anwendbarkeit für verschiedenste Fragestellungen.

Altersstrukturen werden in Form von Bevölkerungspyramiden abgebildet, in denen die Zahl oder der Anteil der Wohnbevölkerung nach Alter (normalerweise in den Altersstufen 0 bis 100) und Geschlecht aufgetragen wird. Ein Blick auf die Bevölkerungspyramide Bayerns zeigt, wie die aufeinanderfolgenden Altersstufen unterschiedlich besetzt sein können (Abbildung 5.1). Charakteristisch für den abgebildeten Altersaufbau sind die folgenden Merkmale:

- die Geburtenausfälle während und nach dem 1. Weltkrieg in den Jahrgängen von 1915 bis 1920,
- der höhere Anteil von Frauen in den höchsten Altersstufen aufgrund ihrer höheren Lebenserwartung und der Kriegsverluste bei Männern,
- ein starker Anstieg der Jahrgangsstärken nach der Weltwirtschaftskrise in den 30er Jahren bei den jetzt 60- bis 65-Jährigen[18],
- ein Einbruch der Geburten am Ende des 2. Weltkriegs bei den jetzt 45- bis 50-Jährigen,
- die geburtenstarken Jahrgänge der 60er Jahre („Baby-Boom-Generation"),
- der Rückgang der Geburten ab 1965, der bis 1973 eine um etwa 40% geringere Jahrgangsstärke bei den heute 20- bis 25-Jährigen bewirkte, sowie
- ein kaum merklicher 'Echoeffekt' der Altersstruktur auf die Zahl der jüngsten Alterskohorten durch die derzeit starke Elterngeneration.

Betrachtet man die äußere Linie der Altersstruktur als Verteilungsfunktion der einzelnen Altersstufen, so wird die Komplexität dieser Verteilung unmittelbar deutlich. Je komplexer eine Verteilung im statistischen Sinn ist (eine hohe Zahl an Wendepunkten und lokalen Minima und Maxima), desto schwieriger gestaltet sich der Versuch, sie mit relativ einfachen mathematischen Verfahren hinlänglich zu beschreiben und diese Maße sodann als Vergleichskriterien zu verwenden. Das Dilemma eines jeden Meßkonzepts zur Reduktion dieser statistischen Komplexität besteht gerade darin, „mehrere möglicherweise divergierende Entwicklungen auf verschiedenen Altersstufen durch Aggregation unangemessenerweise auszugleichen" (Dinkel 1992: 65).

[18] Der Anstieg der Geburtenzahl in den 30er Jahren liegt vor allem darin begründet, daß in der Phase des wirtschaftlichen Aufschwungs zahlreiche Nachholheiraten verwirklicht wurden. Anreize aufgrund der Nazi-Propaganda oder des 'Mutterkreuzes' sind dagegen eher gering einzuschätzen, wenngleich eingeräumt werden muß, daß in dieser Phase erst die Bedingungen dafür geschaffen worden sind, aufgeschobene Kinderwünsche realisieren zu können. Vgl. dazu Marschalck 1984.

Abbildung 5.1: Altersaufbau der Bevölkerung Bayerns am 31.12.1993

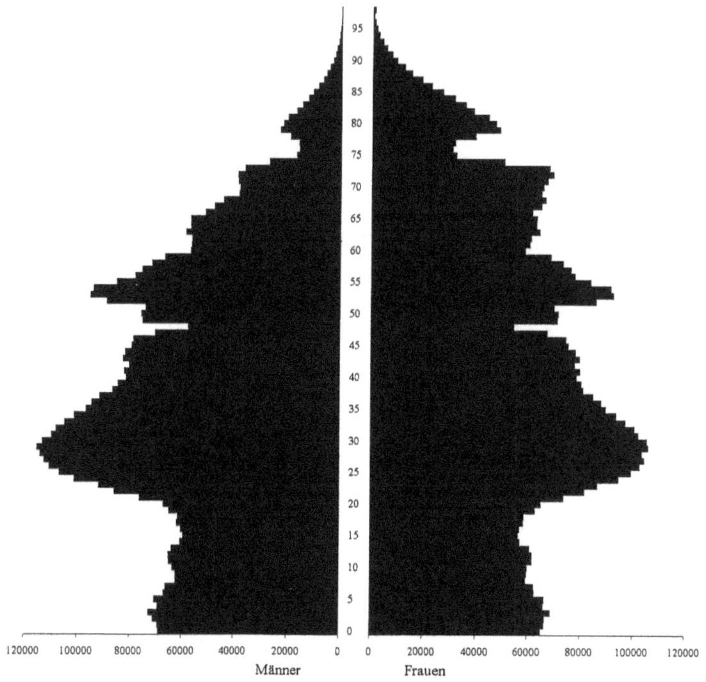

Quelle: Bayerisches Landesamt für Statistik und Datenverarbeitung

5.2.1 Anteilsmaße

5.2.1.1 Der Anteil der über 60-Jährigen an der Gesamtbevölkerung (Altersquotient)

Der Anteil einer Teilbevölkerung oberhalb eines bestimmten Alters a, bezogen auf die Gesamtbevölkerung, ist das am häufigsten herangezogene Maß zur Darstellung von Altersstrukturdifferenzen. Dieses Maß findet vor allem im Zusammenhang mit solchen Fragestellungen Verwendung, die Fragen in Zusammenhang mit der Sicherung sozialer Systeme behandeln (Alterssicherung, Pflegekosten, Krankheitskosten und -fürsorge). Darüber hinaus stellt dieses Maß keine hohen Anforderungen an die zugrundegelegten Daten. Sie müssen nicht nach Einzelaltersstufen aufgeschlüsselt vorliegen. Ebenso ist die Berechnung des Altersquotienten weder aufwendig, noch schwer. Der Altersquotient AQ_{60+} wird folgendermaßen berechnet:

$$AQ_{60+} = \frac{P_{60+}}{P_{ges}} \times 100$$

Zähler und Nenner des Altersquotienten sind in der Literatur nicht einheitlich festgelegt. Historisch gesehen steigt mit zunehmender Lebenserwartung die untere Altersgrenze des Altersintervalls im Zähler immer mehr an. In Zusammenhang mit Analysen zur Alterspflege werden bereits Anteile der über 75-Jährigen oder über 85-Jährigen berechnet. Anstelle der Gesamtbevölkerung im Nenner ist häufig auch das Bevölkerungssegment der 20- bis 59-Jährigen anzutreffen. Der größte Nachteil dieses Maßes liegt darin, daß es die Altersverteilungen ober- und unterhalb der definierten Altersgrenze (in unserem Fall das Alter 60) nicht berücksichtigt. Diese Problematik soll am Beispiel zweier Bevölkerungen P_1 und P_2 in Abbildung 5.2 veranschaulicht werden. Würde man für beide Bevölkerungen den Altersquotienten AQ_{60+} berechnen, so würden sich jeweils gleiche Werte ergeben. Legt man allerdings die oben genannte UN-Definition an, so wäre Bevölkerung P_1 'älter' (Dinkel 1989: Kapitel 5.3.1). Da hier höchst unterschiedliche Verteilungen zu identischen Werten führen können, ist dieses relativ grobe Maß anfällig für Verzerrungen und falsche Schlußfolgerungen. Es ist nicht geeignet, die oben aufgezählten Anforderungen an Strukturmaße zu erfüllen (vgl. dazu v.a. Veyret-Verner 1971). Wegen dieser Schwäche des Maßes AQ_{60+} sollen zwei weitere Anteilsmaße vorgestellt werden, die auch junge und mittlere Altersjahrgänge einschließen.

Abbildung 5.2: Bevölkerungen mit identischem prozentualen Anteil von Personen oberhalb Alter 60

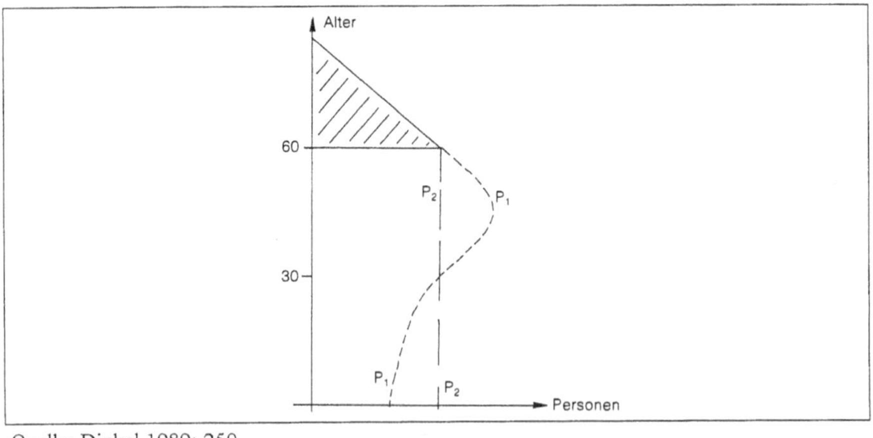

Quelle: Dinkel 1989: 250.

5.2.1.2 Das Maß von Billeter

Für die Vorgehensweise von Billeter war maßgebend, eine möglichst einfache Meßzahl zu finden, die Altersstrukturdifferenzen sinnvoll und konsistent abbilden kann (Billeter 1954). Ausgangspunkt seiner Überlegung ist es, Altersklassen nach Generationenablöse zusammenzufassen und sodann zueinander in Beziehung zu setzen. In einer Bevölkerung leben drei Generationen: Kinder, Eltern und Großeltern. Wenn nun eine stärkere Großelterngeneration und ein geringerer Familiennachwuchs zusammentreffen, bedeutet das eine demographisch 'ältere' Bevölkerung. Die Differenz dieser beiden Altersgruppen wird in Beziehung gesetzt zur Stärke der Elterngeneration. Dabei ist es unerheblich, ob in die Formel die absoluten Besetzungszahlen oder die Anteile eingehen:

$$J = \frac{P_{0-14} - P_{50+}}{P_{15-49}}$$

Wie ist jetzt aber das Maß von Billeter zu interpretieren? Seine Besonderheit besteht darin, daß es zwei unterschiedliche Interpretationsmöglichkeiten zuläßt:

1. Komparativ-statisch: Entweder werden mindestens zwei Bevölkerungen zu einem Zeitpunkt oder eine Bevölkerung zu zwei Zeitpunkten verglichen: Je demographisch 'jünger' ('älter') eine Bevölkerung ist, desto höher (niedriger) ist J.
2. Dynamisch: Falls eine Bevölkerung über einen bestimmten Zeitraum demographisch 'jünger' ('älter') wird, steigen (sinken) die Werte für J. Zusätzlich gilt, daß Bevölkerungen mit einem über einen längeren Zeitraum hinweg negativen J eine Tendenz zur natürlichen Bevölkerungsreduktion, Bevölkerungen mit einem positiven J eine Tendenz zum natürlichen Bevölkerungswachstum aufweisen. Aus dem Vorzeichen einer einzelnen Messung kann aber nicht auf die Wachstumsrate zum gegebenen Zeitpunkt geschlossen werden.

In unserem Falle geht es aber um einen rein komparativ-statischen Vergleich unterschiedlicher Bevölkerungen zu einem Zeitpunkt. Da die verschiedenen Maßzahlen zur Beschreibung von Altersstrukturen später miteinander verglichen werden sollen, stellt sich bei diesem Maß J ein Vorzeichenproblem. Es sollen letztendlich alle Maße so interpretiert werden können, daß höhere Werte demographisch gesehen 'ältere' Bevölkerungen charakterisieren. Um diese Interpretierbarkeit zu ermöglichen, wurden die beiden Terme des Zählers vertauscht, die ursprüngliche Berechnungsformel von Billeter also für unsere Zwecke mit (-1) multipliziert und das neue Maß mit B bezeichnet, um Verwechslungen mit der Originalformel zu vermeiden.

Die Vorteile dieses Maßes liegen darin, daß die zugrunde gelegten Daten einfach strukturiert sein können und die Berechnung schnell und einfach durchzuführen ist. Daß dieses Maß auch konsistente und sinnvolle Interpretationen ermöglicht, zeigen die gelegentlichen Anwendungen (Billeter 1954; Dinkel 1989: Kap.V; Dinkel et al. 1997).

5.2.1.3 Der Altersindex von Backé

Im Rahmen seiner Studie zur regionalen Bevölkerungsprognose in niedersächsischen Gemeinden entwickelt Backé einen Altersindex, indem er, ähnlich wie Billeter, eine dreiteilige Altersgliederung der Bevölkerung vornimmt, die sich ebenfalls an einer für die Generationenfolge bedeutsamen Unterscheidung orientiert (Backé 1971). Die relative Stärke dieser drei Altersgruppen setzt er folgendermaßen zueinander in Beziehung:

$$\text{AI}=\frac{P_{0-14}}{P_{45+}} * P_{15-44}$$

In Backés Untersuchung stellt sich der Anteil der mittleren, sich im reproduktiven Alter befindenden Jahrgänge (P_{15-44}), als vergleichsweise stabil heraus. Entscheidend für Größe des Altersindex' ist das Verhältnis von P_{0-14} zu P_{45+}, also des jungen zum älteren Bevölkerungsanteil. Backé nennt diesen Umstand das *Schaukelprinzip der Altersstruktur*. Durch die Hereinnahme der mittleren Altersstufen in die Formel wird auch deren relativer Anteil berücksichtigt. Wie bei allen hier beschriebenen Anteilsmaßen liegt der Hauptvorteil in der einfachen Berechnung und der geringen Anforderung an die zugrundegelegten Daten.

Isenberg korreliert die Altersindizes von Billeter und Backé in seiner Untersuchung zur regionalen Differenzierung der demographischen Struktur im nördlichen Teil von Rheinland-Pfalz mit den jeweiligen fünf Altersklassenanteilen auf Gemeindeebene (Isenberg 1984: 107 ff.). Die Korrelationen unterscheiden sich dabei kaum, sie heben also „bestimmte Altersgruppen markant hervor, erfüllen Kriterien zur Erfassung der Überalterung oder Reproduktion, gewährleisten ferner die Beschreibung der Altersstruktur und ihrer Veränderung." (ebd.: 116 f.)[19]

---

[19] Der von Isenberg verwendete Begriff 'Überalterung' ist mittlerweile in der wissenschaftlichen Terminologie nicht mehr üblich. Neben der Unschärfe der damit verbundenen inhaltlichen Aussage gibt es auch kein allgemein anerkanntes Kriterium, wonach Bevölkerungen als 'überaltert' zu gelten haben. Demographisches Alter ist eine rein relative Größe ohne implizit inhaltliche Wertung.

Da der Altersindex von Backé so zu interpretieren ist, daß höhere Werte ebenso wie bei Billeter demographisch 'junge' Bevölkerungen charakterisieren, wurde in dieser Untersuchung der Index ebenfalls mit (-1) multipliziert.

5.2.2 Gewichtete Anteilsmaße

Unter gewichteten Anteilsmaßen sind solche Maße zu verstehen, die die Altersgruppen so zueinander in Beziehung setzen, daß die Altenjahrgänge im Vergleich zu jüngeren stärker gewichtet werden. Je größer der Anteil der im höheren Alter Befindlichen, desto höher wird der Wert für das jeweilige Maß sein.

5.2.2.1 Der Coulson-Index

Um die Altersstrukturen in den Stadtbezirken von Kansas City zu erfassen, konstruierte Coulson einen Index, der den Anteil einer Altersgruppe als mathematische Funktion der Altersgruppen beschreibt (Coulson 1968). Auf der Abszisse eines Histogramms befinden sich die Altersgruppen, auf der Ordinate deren prozentualen Anteile an der Gesamtbevölkerung (vgl. Abbildung 5.3). In einem regressionsanalytischen Verfahren wird der Regressionskoeffizient (Steigungswinkel) dieser linearen Funktion bestimmt und als Index zur Charakterisierung der Altersstruktur verwendet. Das bedeutet mathematisch-statistisch, daß der Anteil einer Altersgruppe mit ihrem Alter gewichtet wird. Die dazugehörige Regressionsgleichung lautet:

$$Y = a+b*X, \text{ dabei sind:}$$

Y: der Anteil einer Altersgruppe an der Gesamtbevölkerung,
X: das mittlere Alter der Altersgruppe,
a: die zu bestimmende Konstante und
b: der zu bestimmende Regressionskoeffizient

Die Werte von b sind nun folgendermaßen zu interpretieren: ein positiver Wert des Steigungswinkels der Regressionsgeraden zeigt an, daß hohe Altersstufen vergleichsweise stärker besetzt sind als jüngere. Negative Werte von b bedeuten dagegen eine stärkere Besetzung jüngerer Altersgruppen. Je höher also der Wert für den Steigungswinkel b ist, desto demographisch 'älter' ist eine Bevölkerung.

Abbildung 5.3: Idealtypische Altersstrukturen mit entsprechenden Regressionsgeraden zur Beschreibung der Verteilung von Altersgruppen

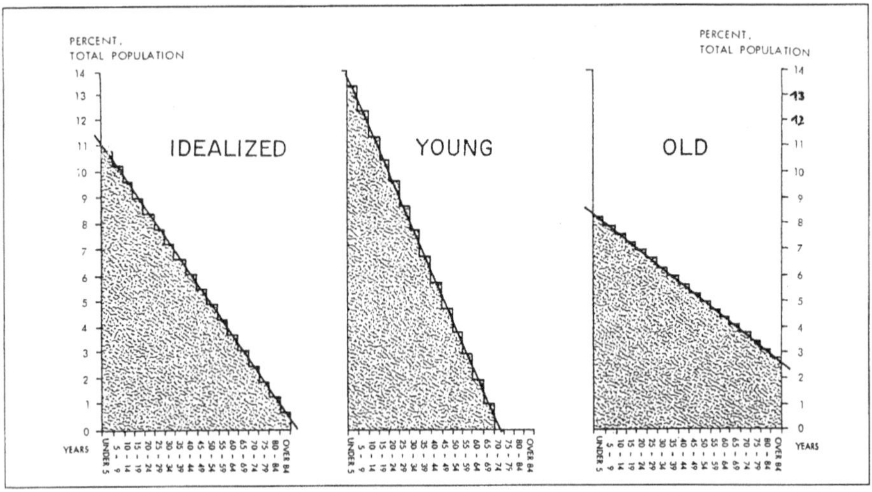

Quelle: Coulson 1968: 156.

Der Vorteil dieses Maßes gegenüber den einfachen Anteilsmaßen ist, daß es die gesamte Altersverteilung einer Bevölkerung berücksichtigt. Nachteile gegenüber den zuvor behandelten Indizes sind die höhere Komplexität und der Umstand, daß der Coulson-Index bei nicht-homogenen, also bei stark unterschiedlich besetzten Altersgruppen, zu identischen Ergebnissen führen kann, auch wenn sich die Altersstrukturen stark voneinander unterscheiden. Zur Illustration dieser Problematik sind in Abbildung 5.4 unterschiedliche Altersstrukturen dargestellt, die dennoch den gleichen Coulson-Index ergeben. Nun ließe sich von Coulson aus argumentieren, daß dieser theoretische Konstruktionsfehler in der empirischen Analyse kaum Bedeutung haben könne, zumal er in seiner Untersuchung zu durchweg schlüssigen Ergebnissen gelangt sei. Andererseits kann er nicht nachweisen, daß sein Index gegenüber anderen besondere Vorteile hätte oder zu valideren Resultaten führte. Er postuliert lediglich, „the various numerical techniques examined do not accurately describe the age structure of populations“ (Coulson 1968: 157). Forrest und Johnston konnten ihrerseits zeigen, daß der Coulson-Index nur bei einigermaßen homogenen Bevölkerungsstrukturen befriedigende Ergebnisse ergibt und die Ungenauigkeiten bei zunehmender Heterogenität zunehmen (Forrest, Johnston 1981).

Abbildung 5.4: Beispiele von Altersstrukturen mit gleichem oder sehr ähnlichem Coulson-Index

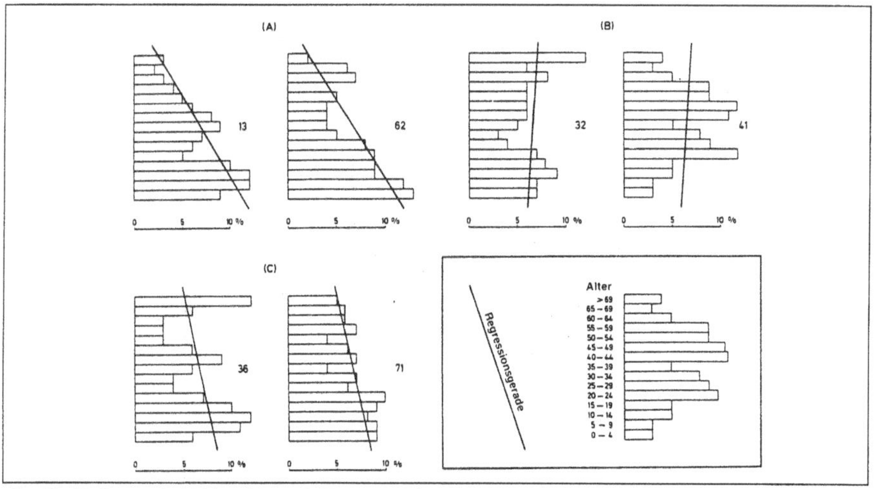

Quelle: Bähr et al. 1992: 183 nach Forrest; Johnston 1981: 37

Insbesondere bei den Altersstrukturen bayerischer Kreise ist die Annahme der Linearität, also gleichmäßig stärker oder schwächer werdende Altersanteile, stark verletzt. Gering besetzte Jugend- und Altenjahrgänge und stark besetzte Jahrgänge der mittleren Generation führen dazu, daß die Anteile junger und hoher Altersgruppen überschätzt, die mittleren Altersgruppen dagegen unterschätzt werden. Die häufige Diskussion dieses Maßes in der demographischen Literatur läßt es aber als gerechtfertigt erscheinen, den Coulson-Index vorerst noch in die weiteren Analysen einzuschließen und auf Konsistenz zu prüfen.

5.2.2.2 Der Jugend-Index von Pruvot

Pruvot will einen einfacheren Index als Coulson entwickeln, der dennoch ausreichend zwischen verschiedenen Altersstrukturen differenziert (Pruvot 1970). Sein Index JI wird folgendermaßen gebildet: Eine Bevölkerung wird in vier Altersgruppen geteilt, deren Besetzungszahlen werden gewichtet aufsummiert, und die Summe wird durch die Größe der Gesamtbevölkerung geteilt. Pruvots Vorgehen wird hier veranschaulicht (vgl. Tabelle 5.1):

Tabelle 5.1: Beispielhafte Berechnung des Jugend-Index (JI) nach Pruvot

Altersgruppe	Besetzungszahl	Gewichtungsfaktor	Summe
0-19	200	9	1800
20-39	300	6	1800
40-59	200	3	600
60+	100	0	0
Summe	700		4200

Den Index erhält man, indem man die Summe der gewichteten Altersgruppen durch die Gesamtbevölkerung dividiert:

$$JI = 4200/700 = 6.$$

Um eine bessere Vergleichbarkeit mit den anderen Maßen zu erlangen, werden in dieser Studie die Gewichtungsfaktoren Pruvots in entgegengesetzter Reihenfolge multipliziert. Die höchste Altersgruppe erhält also den Gewichtungsfaktor 9, die Altersgruppe 0-19 den Wert 0. Je demographisch 'älter' eine Bevölkerung ist, desto höher ist der Wert des Index'. An der Konstruktionslogik des Maßes ändert sich dadurch aber nichts.

Pruvot selbst hatte es wohl nicht erkannt, daß er im Grunde genommen den gleichen Weg wie Coulson geht, sich aber auf lediglich vier Altersgruppen beschränkt. Statistisch gesehen ist Pruvots Index als der Regressionskoeffizient b einer Geraden zu interpretieren, die nur noch vier Beobachtungswerte beschreibt. Je älter eine Bevölkerung ist, desto kleiner wird JI, da die Altersgruppe der über 60-Jährigen nicht im Zähler, sondern im Nenner enthalten ist. Gegen diese Vorgehensweise läßt sich einwenden, daß eine Zusammenfassung einer Bevölkerung in vier Altersgruppen zu einer unzulässigen Vereinfachung einer komplexen Verteilung führen könnte. Pruvot selbst legt keine Begründung für gerade diese Einteilung der Altersgruppen vor. Vorteile seines Index' liegen mit Sicherheit in der Verfügbarkeit der benötigten Daten und an der größeren Anschaulichkeit seiner Vorgehensweise. Ein Gütekriterium des Index JI wäre sicherlich, wenn er zu ähnlichen Ergebnissen führen würde wie der Coulson-Index. Ob dies für die Bevölkerungen der bayerischen Kreise gilt, wird der Abschnitt 5.3 klären.

5.2.2.3 Der Altersfaktor von Foggin und Bissonnette

Auf die Nachteile des Coulson-Index hinweisend, wenden Foggin und Bissonnette ein anderes mathematisch-statistisches Verfahren an, um Altersstrukturen geographisch zu analysieren. Sie arbeiteten empirisch in Saguenay-Lac-Saint-Jean im kanadischen Québec (Foggin, Bissonnette 1976). Die Anteilswerte der jeweiligen Altersgruppen in den 58 Stadtbezirken werden, auch nach Männern und Frauen (insgesamt 16 Variablen) getrennt, einer Faktorenanalyse unterzogen. Auf diese Weise werden vier Hauptfaktoren extrahiert, die eine demographische Struktur kennzeichnen (vgl. Tabelle 5.2). Foggin und Bissonnette benennen diese Faktoren 'reifes Alter', 'junge Paare', 'mittlere Altersgruppen' und 'ledige Frauen'. Inwieweit diese Benennung sinnvoll ist, ist hier nicht die Frage. Wichtig ist, daß bei einer derartigen Analyse ein Faktor extrahiert wird, in den die hohen Altersgruppen mit einer hohen Faktorladung eingehen (Variablen 7, 8, 14, 15 und 16). Dieser Faktor läßt sich so interpretieren, daß demographisch 'alte' Bevölkerungen mit einem hohen Anteil an Altenjahrgängen entsprechend hohe Faktorwerte erzielen. Die Gewichtung dieses Altersfaktors wird jeweils abhängig sein von den zugrundeliegenden Altersstrukturen. Definitionsgemäß wird dieser Faktor aber immer den Mittelwert 0 und die Standardabweichung 1 haben.

Ob nun dieses sicherlich aufwendige Verfahren zu konsistenten Ergebnissen führt, wird die vergleichende Analyse aller hier beschriebenen Indizes in Abschnitt 5.3 zeigen. Für diesen Zweck wurde eine ähnliche Analyse für die 96 bayerischen Kreise durchgeführt. Die Besonderheit besteht letztlich darin, daß die Altersgruppen nicht nach Geschlecht unterteilt werden, dafür aber zwei zusätzliche Altersgruppen einbezogen werden (insgesamt 10 Altersgruppen oder Variablen). Aus Tabelle 5.3 ist ersichtlich, daß auch hier in den ersten Faktor Gruppen höheren Alters mit hohen Faktorladungen eingehen (Variablen 8 bis 10). Insgesamt werden nur drei Faktoren extrahiert, was aufgrund der geringeren Zahl an Variablen auch nicht verwundert und für unsere Fragestellung auch unerheblich ist. Da mit diesen drei Faktoren über 85 Prozent der Gesamtstreuung erklärt werden können, ist zugleich ein Hinweis auf die Validität der methodischen Vorgehensweise gegeben.

Forrest und Johnston machen im Zusammenhang mit diesem faktorenanalytischen Verfahren auf zwei methodische Probleme aufmerksam (Forrest, Johnston 1981: 32):

1. Durch die Verwendung von Anteilswerten wird die Annahme der statistischen Unabhängigkeit der Variablen verletzt, da sich die Anteile immer zu 1 addieren und somit der Wert einer Variablen die Werte der anderen Variablen limitiert: „The implication is that at least part of the value of any agreement score (commonly a correlation or covariance coefficient) is the product of the values of other variables in the set."
2. Die Faktorladungen weisen in der Regel keine einfache Struktur auf, d.h. sie liegen nicht nahe den Werten 0 oder ±1. So werden Faktoren aufgrund geringerer Ladungen identifiziert und eine größere Anzahl an mittleren Ladungen ignoriert, die in ihrer Summe aber für die Interpretation des Faktors wichtig werden können. Diese Problematik wird auch aus den Tabellen 5.2 und 5.3 ersichtlich.

Tabelle 5.2: Faktorenanalyse der Alters- und Geschlechtsstrukturen von 58 Stadtbezirken von Saguenay-Lac-Saint-Jean (rotierte Faktor-Matrix)

variables (âge)	facteurs (avec rotation) I l'âge mûr	II les jeunes couples	III l'âge moyen	IV les femmes célibataires
HOMMES				
1. 0-4	–,17344	,12701	*–,60768*	–,34481
2. 5-14	*–,52016*	–,36783	–,10575	–,27947
3. 15-24	,03265	*–,65832*	,09602	,06889
4. 25-34	–,00592	*,72611*	–,19809	,23922
5. 35-44	,17907	,46111	,35571	–,41716
6. 45-54	,06123	,01104	*,59759*	,17849
7. 55-64	*,62022*	–,32837	–,22989	,14939
8. 65 et +	*,66922*	–,26967	,04794	–,09184
FEMMES				
9. 0-4	–,12816	,34920	*–,57991*	–,09437
10. 5-14	–,26559	–,42488	–,12027	*–,58488*
11. 15-24	,05960	,09571	,20562	*,63280*
12. 25-34	–,14269	*,78401*	,14751	,12539
13. 35-44	,01043	,38813	*,78182*	–,16681
14. 45-54	,45348	–,22388	,40285	,43385
15. 55-64	*,67415*	,23506	,14663	,03001
16. 65 et +	*,56625*	–,00086	,20367	,10297
Valeurs propres	3,27034	2,72629	1,56497	1,09609
% d'explication de la variante totale	20,44	17,03	9,78	6,85

Quelle: Foggin, Bissonnette 1976: 256.

Tabelle 5.3: Faktorenanalyse der Altersstrukturen der 96 bayerischen Kreise (rotierte Faktor-Matrix)

Variablen (Altersgruppe)	Faktor I	Faktor II	Faktor III
1. 0-4	-,7862	,4334	,1134
2. 5-14	-,7783	,5350	,2339
3. 15-24	-,1300	,8297	-,2895
4. 25-34	,0458	-,0906	-,9208
5. 35-44	-,9110	-,0897	-,0811
6. 45-54	,0087	-,9088	-,0860
7. 55-64	,2887	-,2736	,7451
8. 65-74	,8717	,1332	,3987
9. 75-84	,9498	-,0991	,1214
10. 85+	,9147	-,1773	,1314
Eigenwert	5,1161	1,8515	1,5848
Anteil der erklärten Varianz in %	51,2	18,5	15,8

Quelle: eigene Berechnungen

Eine berechtigte Frage ist, ob bei diesem Verfahren – von der methodischen Problematik abgesehen – der Aufwand in einem günstigen Verhältnis zum erwarteten Ergebnis steht. Sicherlich stellt die Berechnung des Altersfaktors mit moderner Statistik-Software kein unüberwindliches Problem mehr dar. Die Anschaulichkeit dieses Maßes ist wohl auch nicht problematischer als beim Coulson-Index. Andererseits ist noch nicht der Nachweis erbracht, daß der Altersfaktor von Foggin und Bissonnette gegenüber weniger komplexen Maßen zu valideren Ergebnissen führt.

Nach Beschreibung der gewichteten Anteilsmaße sollen schließlich noch zwei weitere, häufig verwendete und leicht zu interpretierende Maße vorgestellt werden, nämlich die Maße der zentralen Tendenz.

5.2.3 Maße der zentralen Tendenz

Als Maße der zentralen Tendenz werden gemeinhin das arithmetische Mittel, der Median, sowie der Modus einer Verteilung bezeichnet. Zur Messung von Altersstrukturdifferenzen sind das arithmetische Mittel und der Median gebräuchlich. Der Modus, also die in einer Altersstruktur am stärksten besetzte Altersstufe, hat keinerlei Aussagekraft und wird deshalb vernachlässigt.

5.2.3.1 Das arithmetische Mittel[20]

Das arithmetische Mittel $\bar{x}$ (oder umgangssprachlich das Durchschnittsalter) wird bei Aggregatdaten wie beispielsweise der Altersstruktur einer Bevölkerung folgendermaßen berechnet:

$$\bar{x} = \sum_{i=1}^{n} m_i * f_i \text{ , wobei}$$

m_i die Mitte der i-ten Altersstufe und
f_i die relative Häufigkeit der i-ten Altersstufe ist.

Die Vorteile dieses Maßes liegen einerseits in der Anschaulichkeit und andererseits in der Einbeziehung aller Altersstufen einer Bevölkerung. Das arithmetische

[20] Die erste uns bekannte Anwendung dieses Maßes zur Beschreibung des Alterungsprozesses bei Bevölkerungen lieferte Boverat 1946.

Mittel als Maß zur Charakterisierung von Altersstrukturen hat allerdings auch eine Reihe von Nachteilen gegenüber den schon besprochenen Maßen:

- Die unter Umständen extreme Schiefe von Häufigkeitsverteilungen bei Altersstrukturen, insbesondere bei stark wachsenden oder stark schrumpfenden Bevölkerungen, kommt bei diesem Maß nur unzureichend zum Ausdruck.
- Abweichungen nach oben und unten werden gleich bewertet. Das heißt, daß bei einer Konzentration in den mittleren Altersgruppen dasselbe Ergebnis zustande kommen kann wie bei einer starken Besetzung an den Extremen. Zwiebel- und urnenförmige Bevölkerungen können also gleiche Durchschnittsalter haben, obwohl sie sich im Altersaufbau stark unterscheiden.
- Um das Durchschnittsalter berechnen zu können, benötigt man die Besetzungszahl jeder einzelnen Altersstufe. Kein anderes hier besprochene Maß stellt diese Anforderung an die Daten. Oftmals sind sie nicht verfügbar (Dritt-Welt-Länder ohne Meldesystem oder Bevölkerungen kleiner regionaler Einheiten). Zudem gibt es in der Regel eine nach oben offene Alterskategorie, entweder weil ab einer gewissen Altersstufe das genaue Alter nicht mehr erhoben wird oder weil die Besetzungszahlen zu gering werden. Je geringer dabei die letzte nach oben offene Altersstufe besetzt ist, desto geringer ist die Gefahr von Verzerrungen. In unserer Untersuchung waren wir mit diesem Problem konfrontiert, weil auf bayerischer Kreisebene die Bevölkerungsdaten ab dem Alter 75 nur noch in 5-Jahres-Altersstufen erfaßt sind und die nach oben offene Kategorie mit der noch stark besetzten Altersstufe 85 beginnt. Mit dieser Problematik wurde so verfahren, daß in diesen Altersstufen für alle Kreise die gleiche Verteilung angenommen wurde wie in den sieben Regierungsbezirken, denen sie angehören. (Für die Bezirke werden die Fortschreibungsdaten nach Einzelalter bis zur schwach besetzten Altersstufe 98 bzw. 99 ausgewiesen). Ohne dieses aufwendige Umrechnungsverfahren wäre eine Berechnung des arithmetischen Mittels nicht sinnvoll; zudem sind keine gravierenden Verzerrungen aufgrund dieser Angleichung der Verteilung zu erwarten.

Zur Berechnung des arithmetischen Mittels ist genügende Datenlage wichtig. Die Frage nach der grundsätzlichen Eignung dieses Maßes läßt sich mit dem Hinweis auf eine bevölkerungsdynamische Analyse beantworten: Parametervariationen können an einer Bevölkerung im Zeitverlauf simuliert und die Konsistenz ihrer Wirkungen auf das Maß $\bar{x}$ überprüft werden. Ein Vergleich zwischen dem Durchschnittsalter und dem zuvor behandelten Billeter-Maß am Beispiel einer Modellbevölkerung hat den Nachweis erbracht, daß beide Maße gleich gut geeignet sind, die Wirkungen von Sterblichkeits- oder Fertilitätsvariationen zu erfassen (vgl. Dinkel 1989: 253 ff). Aus einem komparativ-statischen Querschnittsvergleich verschiedener Bevölkerungen läßt sich schließen, daß das Durchschnittsalter als ein konsistentes Maß zur Charakterisierung von Altersstrukturdifferenzen angesehen werden kann.

Eine Erweiterung dieses Maßes nehmen Song, Tuan und Yu vor, indem sie das Verhältnis des Durchschnittsalters $\bar{x}$ zur Lebenserwartung bei Geburt e_0 als Altersindikator ω definieren. Je mehr sich das Durchschnittsalter an die Lebenserwartung annähert, desto demographisch 'älter' ist eine Bevölkerung und um so größer ist der Wert von ω (Song, Tuan, Yu 1985: 82). Ein Nachteil dieses Maßes ist offenbar, daß es nur für Bevölkerungen angewandt werden kann, von denen ausreichend Daten zur Verfügung stehen, um e_0 aus den zu konstruierenden Sterbetafeln ableiten zu können. Bei kleinräumigen Analysen mit einer Vielzahl von Teilpopulationen wie in unserem Fall ist dieses Verfahren daher nicht anwendbar bzw. zu aufwendig.[21]

Birdsall hat vor dem Hintergrund der konzeptuellen Schwächen des Coulson-Index' vorgeschlagen, die Schiefe einer Altersverteilung als geeignetes Maß zu verwenden (Birdsall 1980). Je mehr in einer Bevölkerung Jugendjahrgänge (Altenjahrgängen) dominieren, desto positiver (negativer) werden die Werte für die Schiefe der Verteilung.[22] Einen Nachweis für die Validität dieses Maßes liefert Birdsall allerdings nicht. Als sein Konzept auf die bayerischen Kreise angewendet wurde, zeigte sich, daß es hier, anders als bei den oben beschriebenen Maßen, zu inkonsistenten Ergebnissen kommt. Die Ursache mag wohl darin liegen, daß die Schiefe der Verteilung nach deren arithmetischem Mittel $\bar{x}$ hin ausgerichtet ist. Das arithmetische Mittel beschreibt schon den größten Teil der Altersstrukturdifferenzen, so daß die Schiefe nur noch eine zusätzliche Information zur Verteilung beiträgt. Als Maß ist sie zur Beschreibung von Strukturdifferenzen nicht geeignet.

---

[21] In diesem Zusammenhang sei auch auf das Maß von Ryder hingewiesen, dessen Alterungsmaß aus dem Anteil einer Bevölkerung berechnet wird, der laut Sterbetafel eine weitere Lebenserwartung von maximal 10 Jahren zu erwarten hat. Je 'älter' eine Bevölkerung ist, desto größer ist dieser Anteil (Ryder 1975). Da dieses Maß ebenfalls auf der Sterbetafel einer Bevölkerung beruht, ist es ähnlich wie ω nicht für unsere Zwecke geeignet.

[22] Der modifizierte Schiefe-Index von Birdsall (MSABI) wird folgendermaßen berechnet (Birdsall 1980: 469):

$$\mathrm{MSABI} = \sqrt[3]{\frac{\sum_{i=1}^{n} f_i \left(\frac{x_i - \bar{x} + 1}{s} \right)^3}{\sum_{i=1}^{n} f_i}}$$

x_i : die Mitte der i-ten Altersklasse

f_i : die Besetzungsstärke der i-ten Altersklasse

$\bar{x}$: das arithmetische Mittel der Verteilung

s : die Standardabweichung der Verteilung

5.2.3.2 Das Medianalter

Das Medianalter Md ist das Alter jenes fiktiven Individuums in einer Bevölkerung, für das gilt, daß die Hälfte der Bevölkerung jünger und die andere Hälfte älter ist als dieses Individuum. Der Median einer Bevölkerung befindet sich genau an der Falzstelle einer auf Papier ausgeschnittenen Alterspyramide, die zwei gleich große Flächen entstehen läßt. Die Vorteile dieses Maßes gegenüber dem arithmetischen Mittel liegen darin, daß es gegenüber starken Veränderungen in den Extrembereichen der Verteilung (jüngste und älteste Altersstufen) robuster ist. Zudem stellt das Maß nicht so hohe Anforderungen an die Datenbasis und erlaubt, das Problem der nach oben offenen Altersklasse der Hochbetagten rechnerisch zu bagatellisieren. Dagegen werden beim arithmetischen Mittel die Verteilungen ober- und unterhalb des medianen Alters nicht berücksichtigt, was unter Umständen zu erheblichen Verzerrungen führen kann. Bei rechtsschiefen Altersverteilungen ist das arithmetische Mittel oberhalb, bei linksschiefen Verteilungen stets unterhalb des Medians. Auch wenn die möglichst präzise Berechnung des Medianalters mit einigem Aufwand verbunden ist, so spricht für das Maß, daß es unmittelbar anschaulich ist. Aus Aggregatdaten kann das Medianalter Md folgendermaßen berechnet werden (vgl. Mueller 1993: 27):

$$\mathrm{Md} = \min P_m + \frac{N - 2\sum_{z=1}^{n} P_z}{2} * \frac{V}{P_m}$$

N: Zahl der Gesamtbevölkerung

$\sum_{z=1}^{n} P_z$: Summe der Individuen der Altersklassen unterhalb derjenigen Altersklasse, in der sich das mediane Individuum befindet

P_m: Zahl der Individuen in der Altersklasse, in der sich das mediane Individuum befindet

$\min P_m$: untere Grenze der Altersklasse, in der sich das mediane Individuum befindet

V: Zahl der Altersklasse P_m in Jahren (in unserem Falle also 1, da uns die Besetzung einjähriger Altersstufen zur Verfügung steht)

Die Eignung des Medianalters als Maß zur Beschreibung von Altersstrukturen wird unterschiedlich bewertet. Während Bähr et al. (Bähr et al. 1992: 171) und Pruvot (Pruvot 1970: 97) die oben dargelegten Nachteile betonen, halten Mueller und Achenbach dieses Maß auch gegenüber dem arithmetischen Mittel für geeignet (Achenbach 1981). In einer Untersuchung zum demographischen Alterungsprozeß in belgischen Arrondissements gelangt auch Roque bei einem Vergleich mit anderen Maßen, insbesondere mit dem Coulson-Index, zu einem eindeutig positiven Urteil: „L'âge médian se révèle un bon indicateur du vieillissement démographique, offrant plusieurs avantages sur d'autres instruments de mesure: sur les indices de sénilité conventionnels le fait de ne pas 'négliger' une partie de l'information statistique de base, sur l'âge moyen l'insensibilité aux valeurs extrêmes, enfin, sur l'indice de Coulson la facilité de confection et l'interprétation immédiate des resultats." (Roque 1981: 21)

Tabelle 5.4: Vor- und Nachteile der Altersstrukturmaße im Überblick

Maß	**Rechenaufwand**	**Vorteile**	**Nachteile**
Altersquotient	niedrig	leicht nachvollziehbar	verzerrungsanfällig; identische Werte bei unterschiedlichen Verteilungen möglich
Billeter	niedrig	auch als dynamisches Maß geeignet, geringer Datenaufwand	Wertebereich nicht eindeutig interpretierbar
Backé	niedrig	geringer Datenaufwand	Wertebereich nicht eindeutig interpretierbar; Bedeutung der mittleren Altersgruppe unklar
Pruvot	mittel	geringer Datenaufwand	grobe und nicht begründete Altersgruppeneinteilung; verzerrungsanfällig
Coulson	mittel	gesamte Altersstruktur wird berücksichtigt	Gefahr der Linearitätsverletzung; Werte wenig anschaulich; hoher Datenaufwand
arithm. Mittel	hoch	für Teilpopulationen anwendbar; Wertebereich anschaulich	Daten nach Einzelalter bis in höchste Altersstufen nötig; unsensibel gegenüber Strukturdifferenzen
Median	mittel	für Teilpopulationen anwendbar; Wertebereich anschaulich	unsensibel gegenüber Strukturdifferenzen
Altersfaktor	hoch	exakte empirische Gewichtung der Altenanteile gewährleistet;	Interpretierbarkeit eingeschränkt aufgrund methodischer Vorgehensweise; normierter Wertebereich

Die Logik, Berechnungsweise sowie die Vor- und Nachteile verschiedener eindimensionaler Maße zur Charakterisierung von Altersstrukturen wurden in den vorangegangenen Abschnitten eingehend behandelt (vgl. Tabelle 5.4). Dabei ist festzustellen, daß nebeneinander betrachtet keine Aussage darüber gemacht werden kann, welches dieser Maße die ihm zugedachte Aufgabe am besten erfüllt. Komplexitätsunterschiede bei der Berechnung sowie problematische Interpretationen, offensichtliche methodisch-statistische Schwächen sowie die Verwendbarkeit bei verschiedensten Fragestellungen führen zu dem Schluß, daß zu dieser Thematik noch erheblicher Forschungsbedarf besteht. Vergleichende Forschung, die möglichst viele Maße einbezieht, hat bisher kaum stattgefunden. Die Verwendung solcher Maße in der demographischen Forschung scheint eher auf Glauben zu beruhen als auf wissenschaftlich fundierten Ergebnissen.

5.3 Vergleichende Analyse der Altersstrukturmaße

Im folgenden Abschnitt sollen die acht besprochenen Maße daraufhin überprüft werden, inwieweit sie zu konsistenten oder voneinander abweichenden Ergebnissen führen, und bis zu welchen Feinheitsgraden sie Unterschiede von Altersstrukturen zu messen in der Lage sind.

In Tabelle 5.4 sind die Altersstruktur-Indizes mit den wichtigsten Verteilungsmerkmalen aufgelistet. Minima und Maxima geben dabei Aufschluß über den jeweiligen Wertebereich des Maßes. Die Standardabweichung mißt den durchschnittlichen Abstand der Werte vom arithmetischen Mittel. Auf das Kriterium der unmittelbaren Anschaulichkeit bezogen, können wir feststellen, daß dies nur für den Altersquotienten, das arithmetische Mittel und den Median zutrifft. Obwohl es sich in den bayerischen Kreisen durchweg um Bevölkerungen handelt, die sich allesamt in der posttransformativen Phase des demographischen Übergangs befinden und sich in ihrem Altersaufbau folglich sehr ähneln müßten, schwankt der Anteil der über 60-Jährigen zwischen 15,2 und 26,1 Prozent. Die gegenüber Abweichungen eher robusten Maße der zentralen Tendenz umfassen ebenfalls einen Wertebereich von ungefähr sechs (arithmetisches Mittel) bzw. fast acht Jahren (Median). Der Durchschnittswert des arithmetischen Mittels liegt dabei um fast drei Altersstufen höher als der des Medians, was auf eine deutlich rechtsschiefe Verteilung schließen läßt. Für unsere posttransformativen Bevölkerungen war dies auch nicht anders zu erwarten.

Alle anderen Maße sind aufgrund ihrer Wertebereiche nicht unmittelbar in dem Sinne zu interpretieren, ob sich die Bevölkerungen stark oder schwach in ihrem Altersaufbau unterscheiden. Die durchweg positiven Werte für das Billeter-Maß zeigen, daß der Anteil der über 50-Jährigen stets höher ist als der Anteil der unter 15-Jährigen. Der bayerischen Bevölkerungsstruktur liegt also eine natürliche Schrumpfungstendenz zugrunde. Der Wertebereich des Coulson-Index' ist dagegen durchweg negativ, das heißt die Regressionsgerade beschreibt einen abfallenden Verlauf der Altersverteilung von relativ stark besetzten jungen und mittleren Altersklassen hin zu den schwach besetzten Altersklassen der Betagten und Hochbetagten. Je weniger die Gerade nach unten abfällt, desto demographisch 'älter' ist die Bevölkerung im Sinne dieses Maßes.

Einen Sonderfall stellt der Wertebereich des Altersfaktors von Foggin und Bissonnette dar: Definitionsgemäß hat dieser faktorenanalytisch berechnete Index immer den Mittelwert 0 und die Standardabweichung 1. Bei Verwendung dieses Index' ist also auch immer darauf zu achten, mit welchem Gewicht die hohen Altersgruppen diesen Index bilden.

Wichtig für die Beurteilung der Güte eines Maßes ist der Variationskoeffizient der Verteilung, da er Aufschluß darüber gibt, mit welcher Sensibilität das Maß auf Strukturveränderungen reagiert. Mit Hilfe dieses Maßes können die Abweichungen vom Mittelwert der Verteilungen vergleichbar gemacht werden, und je größer diese Abweichungen im Verhältnis sind, desto besser ist dieses Maß zur Beurteilung von Differenzen zwischen den Altersstrukturen geeignet. Da der Variationskoeffizient für den Altersfaktor von Foggin und Bissonnette definitionsgemäß 100 ist, läßt er sich allerdings schlecht mit den Koeffizienten der anderen Verteilungen vergleichen. Bei den anderen Maßen ergibt sich eine deutliche Tendenz in Richtung Billeter-Maß. Dieses im Grunde genommen durch Beziehung von drei Altersgruppen zueinander recht einfach zu konstruierende und zudem sehr anschauliche Maß vermag wohl neben dem Altersfaktor am ehesten Altersstrukturdifferenzen zu erfassen. Relativ ungeeignet erscheinen dagegen die häufig gebrauchten Maße der zentralen Tendenz. Beim Vergleich der gewichteten Anteilsmaße von Pruvot und Coulson ergibt sich, daß Pruvots Zusammenfassung der Bevölkerung in nur vier Altersklassen den erwarteten Informationsverlust gegenüber dem auf differenzierteren Daten beruhenden Coulson-Index widerspiegelt.

Als nächstes soll die Frage beantwortet werden, inwieweit ein Zusammenhang zwischen den Altersstruktur-Indizes besteht. Tabelle 5.5 zeigt die bivariate Korrelationsmatrix dieser Indizes. Die Korrelationen stellen zunächst noch kein Qualitätskriterium eines Maßes dar. Nur wenn ein bestimmtes Maß auffallend wenig mit den anderen Maßen zusammenhängt, könnte daraus gefolgert werden, daß dieses Maß nicht das mißt, was es messen soll: Differenzen von Altersstrukturen.

Tabelle 5.5: Deskription der Altersstruktur-Indizes[23]

Index	arithm. Mittel	Minimum	Maximum	Standard-abweichung	Variations-koeffizient
AQ_{60+}	0,206	0,152	0,261	0,025	12,136
Billeter	0,347	0,181	0,575	0,098	28,242
Backé	-0,249	-0,349	-0,162	0,050	20,080
Pruvot	4,35	3,97	4,78	0,208	4,782
Coulson	-0,126	-0,161	-0,087	0,019	15,079
arith. Mittel	39,337	36,51	42,46	1,544	3,925
Median	36,416	33,35	41,06	1,802	4,948
Faktor	0	-2,10	2,34	1	100

Die Maße von Billeter und Backé wurden mit –1 multipliziert

Beim ersten Blick auf die Tabelle fällt auf, daß alle Maße sehr stark korrelieren. Die Werte für Pearsons r liegen im Bereich zwischen 0,71 und über 0,99, wobei die meisten Korrelationen über 0,85 liegen. Dies deckt sich mit dem Ergebnis von Roque bei seinem Vergleich von vier Indizes, wobei bei ihm vor allem der Median und der Coulson-Index mit über 0,99 korrelieren (Roque 1981: 13 f.). Am niedrigsten sind in unserem Fall die Zusammenhänge zwischen dem Median und dem Altersfaktor (0,713) bzw. dem Anteil der über 60-Jährigen. Eine Nichteignung des Medians als Maß zur Charakterisierung von Altersstrukturdifferenzen läßt sich daraus aber nicht ableiten, zumal der Median mit den anderen Maßen sehr hoch korreliert. Allerdings würde der Median in Hinblick auf den sehr niedrigen Variationskoeffizienten als geeignetes Meßinstrument ausscheiden.

Werden die acht Altersstruktur-Indizes auf unsere 96 bayerischen Kreise angewandt, so wird daraus ersichtlich, inwieweit die Indizes in der Ermittlung der demographisch 'ältesten' und 'jüngsten' Kreise zu 'konsistenten Ergebnissen' führen (vgl. Tabelle 5.6). Konsistent soll heißen, daß die ermittelten ältesten und jüngsten Kreise möglichst gut übereinstimmen sollen. Zudem ist aufschlußreich, sich einen Überblick darüber zu verschaffen, in welchen Kreisen die demographische Struktur eine fortgeschrittene Alterungstendenz anzeigt.

[23] Der Variationskoeffizient ist das Verhältnis der Standardabweichung zum absoluten Betrag des arithmetischen Mittels, multipliziert mit 100.

Tabelle 5.6: Korrelationsmatrix der Altersstruktur-Indizes (Pearsons r)

Index	AQ_{60+}	Billeter	Backé	Pruvot	Coulson	arith.Mittel	Median	Faktor
AQ_{60+}	1							
Billeter	0,906	1						
Backé	0,872	0,986	1					
Pruvot	0,893	0,995	0,991	1				
Coulson	0,898	0,995	0,990	0,998	1			
arith.Mittel	0,899	0,995	0,989	0,998	0,999	1		
Median	0,786	0,951	0,927	0,942	0,945	0,942	1	
Faktor	0,925	0,884	0,884	0,889	0,892	0,894	0,713	1

Die Maße von Billeter und Backé wurden mit –1 multipliziert

Im Bereich der demographisch 'ältesten' Kreise nimmt der Landkreis Wunsiedel sechs- von achtmal den ersten Rang ein. Daraus kann geschlossen werden, daß dieser Landkreis wohl der 'älteste' in Bayern ist. Außerdem fällt auf, daß neben Wunsiedel nur noch kreisfreie Kleinstädte in den obersten drei Rängen vertreten sind, was uns erste Aufschlüsse über die zugrundeliegenden Siedlungsstrukturen gibt. Am häufigsten erscheinen die kreisfreien Städte Schweinfurt (6), Landshut (4), Hof (3) und Bamberg (2).

Bei den 'jüngsten' Kreisen handelt es sich ausnahmslos um Landkreise. Und auch hier sind immer wieder genannt: Freising (7) sowie Bamberg und Eichstätt (je 6). Der Landkreis Bamberg nimmt dabei viermal, Freising dreimal den ersten Rang ein. Der demographische Stadt-Land-Gegensatz scheint in Bayern wohl nirgends größer zu sein als im Bamberger Raum, was dort vor allem zwei Ursachen hat:

1. Im Zuge der Gemeindegebietsreform wurden nur wenige Umlandgemeinden in das Bamberger Stadtgebiet eingemeindet. Suburbanisierung fand also nicht in periphere Stadtgebiete statt, sondern erfolgte in die umliegenden selbständigen Gemeinden mit günstigen Grundstücks- und Mietpreisen.
2. Einrichtungen der Altenversorgung befinden sich überdurchschnittlich häufig innerhalb des Stadtgebietes. Ältere Menschen sind also oftmals gezwungen, ihre dörflichen Heimatorte zu verlassen und Alten- und Pflegeheime in der Stadt Bamberg zu beziehen. Im Jahr 1993 hatte die Stadt Bamberg mit 17,6 je 1000 Einwohner bayernweit den höchsten Anteil an Personen in Heimen der Altenhilfe. Der Landkreis Bamberg hatte mit 3,4 dagegen einen der niedrigsten Werte!

Nach diesem Exkurs aber zurück zu den Altersstruktur-Indizes: Die Ergebnisse in den Tabellen 5.4 und 5.5 haben gezeigt, daß alle Maße zu fast vollständig konsistenten Ergebnissen führen.[24] Von daher kann nicht – vor allem für andere Fragestellungen und andere Bevölkerungen – verallgemeinert werden, daß eines dieser Maße von Grund auf ungeeignet wäre, Altersstrukturdifferenzen in angemessener Weise zu charakterisieren. Konkret auf die bayerischen Kreisbevölkerungen angewendet scheint das Maß von Billeter die Anforderungen am ehesten zu erfüllen: Eindeutigkeit bei der Interpretation, einfache Berechnung, geringe Anforderung an die Daten und unmittelbare Anschaulichkeit bei hoher Sensibilität gegenüber Strukturdifferenzen.

In der Karte 1 in Anhang 2 sind die Quartile der Verteilung des Billeter-Maßes dargestellt. Die regionale Verteilung der Altersstrukturdifferenzen zeigt folgende Auffälligkeiten, die sich vorerst ungeprüft so erklären lassen:

1. Die kreisfreien Städte sind in aller Regel demographisch 'älter' als die sie umgebenden Landkreise. Dies könnte seine Ursachen erstens darin haben, daß im Zuge der Suburbanisierung junge Familien aus der Stadt in die umliegenden Zonen gezogen sind. Zweitens könnten Fertilitätsunterschiede zwischen Stadt und Land die Unterschiede im Altersaufbau zusätzlich verstärkt haben.
2. Im Nordosten Bayerns, insbesondere in Nordost-Oberfranken, befinden sich mehrere ländliche Kreise mit einer überdurchschnittlich alten Bevölkerung. Die Erklärung dafür, die am ehesten einleuchtet, sind überdurchschnittlich hohe Abwanderungen der jungen und mittleren Altersstufen.
3. Überdurchschnittlich alt sind auch die Landkreise im Voralpenland. Hier könnten Altenwanderungen in landschaftlich attraktive Gegenden mit einem hohen Anteil an Heilbädern zur demographischen Alterung beigetragen haben.

Auf jeden Fall ist daraus ersichtlich, daß hinter dem Ausdifferenzierungsprozeß der Altersstrukturen bestimmte Systematiken wirken, die im folgenden Kapitel bearbeitet werden sollen.

---

[24] Bei der Reihenfolge der Kreise fällt allerdings auf, daß die Reihung beim Altersfaktor im Vergleich etwas aus der Reihe fällt. Die Korrelationen mit den anderen Maßen liegen aber fast durchweg bei 0,9 (vgl. Tabelle 5.5). Ob diese Abweichung den Altersfaktor von Foggin und Bissonnette im Vergleich zu den anderen Indizes eher qualifiziert oder disqualifiziert, läßt sich hieraus allerdings nicht folgern.

Tabelle 5.7: Reihenfolge der demographisch 'ältesten' und 'jüngsten' Kreise in Bayern 1993

	AQ_{60+}	**Billeter**	**Backé**	**Pruvot**
Älteste Kreise				
1	KS Schweinfurt	LK Wunsiedel	LK Wunsiedel	LK Wunsiedel
2	LK Wunsiedel	KS Schweinfurt	KS Schweinfurt	KS Landshut
3	KS Bamberg	KS Hof	KS Landshut	KS Hof
Jüngste Kreise				
1	LK Freising	LK Bamberg	LK Bamberg	LK Bamberg
2	LK Erlangen-H.	LK Freising	LK Freising	LK Eichstätt
3	LK Bamberg	LK Eichstätt	LK Eichstätt	LK Freising
	Coulson	**arithm. Mittel**	**Median**	**Faktor**
Älteste Kreise				
1	LK Wunsiedel	LK Wunsiedel	LK Wunsiedel	KS Bamberg
2	KS Schweinfurt	KS Schweinfurt	KS Schweinfurt	KS Würzburg
3	KS Landshut	KS Landshut	KS Hof	KS Coburg
Jüngste Kreise				
1	LK Bamberg	LK Freising	LK Freising	LK Erlangen-H.
2	LK Freising	LK Eichstätt	LK Eichstätt	LK Regensburg
3	LK Eichstätt	LK Neumarkt	LK Neumarkt	LK Bamberg

6. Determinanten regionaler Altersstrukturdifferenzen

6.1 Beschreibung der Einflußfaktoren und bivariate Analyse

Im ersten Teil dieser empirischen Analyse soll der Zusammenhang zwischen den unabhängigen und der abhängigen Variablen (Billeter-Maß) auf bivariater Ebene berechnet werden. Die meisten Determinanten, die in die Analyse einbezogen werden, sind zumindest intervallskaliert. Es wird jeweils die bivariate Regressionsgleichung angegeben und die Korrelation graphisch dargestellt (Scatterplots). Zudem ist die Mehrzahl der intervallskalierten Variablen in Anhang 2 kartographisch abgebildet. Die Merkmalsausprägungen sind nach Quartilen gruppiert. Quartile haben im Gegensatz zur Plot-Darstellung den Vorteil, daß sie von Extremwerten unabhängige Lokalisationsparameter sind. Mit dieser Darstellungsweise können Erkenntnisse über die räumliche Verteilung der Variablen gewonnen werden.

6.1.1 Demographische Einflußfaktoren

6.1.1.1 Bevölkerungsentwicklung

Bevölkerungsentwicklung allgemein
Umfang und Zusammensetzung von Bevölkerungen sind das Ergebnis spezifischer Fertilitäts- und Mortalitätsmuster sowie alters- und geschlechtsspezifischer Zu- und Abwanderungen, die im Zeitverlauf variieren (Parametervariationen). Der Altersaufbau einer Bevölkerung zu einem bestimmten Zeitpunkt resultiert aus dem Zusammenwirken der genannten Faktoren. Bevor jeder einzelne Parameter auf seine Wirkungsweise hin untersucht wird, soll analysiert werden, inwieweit die Summe der demographischen Vorgänge in der Vergangenheit mit dem derzeitigen Altersaufbau zusammenhängt. In Abbildung 6.1 wird deutlich, daß tatsächlich ein hoch signifikanter Zusammenhang zwischen dem Bevölkerungswachstum und der Alterszusammensetzung besteht. Je höher der jährliche Bevölkerungszuwachs eines Kreises zwischen dem 1.1.1980 und dem 31.12.1992 war, desto geringer sind die Werte des Billeter-Maßes B im Jahre 1993. Unterhalb der Abbildung sind die Schätzgleichung, der Anteil der erklärten Varianz (R^2=54,8%) und das Signifikanzniveau (p: <.001) angegeben. In dieser Abbildung sind die Regressionsgerade abgetragen sowie Kreiskennzahlen (Anhang 1) angegeben, deren Werte relativ weit von der Regressionsgeraden entfernt liegen oder Extremwerte bei der unabhängigen Variablen (hier Bevölkerungsentwicklung 1980 bis 1992) aufweisen. Demnach müßte z.B. die kreisfreie Stadt Ingolstadt (1) bei

ihrem relativ starken Bevölkerungszuwachs einen Altersaufbau zugunsten jüngerer Altersstufen haben.

Abbildung 6.1: Bevölkerungsentwicklung 1980-1992 (Wachstum in %) und Altersstruktur

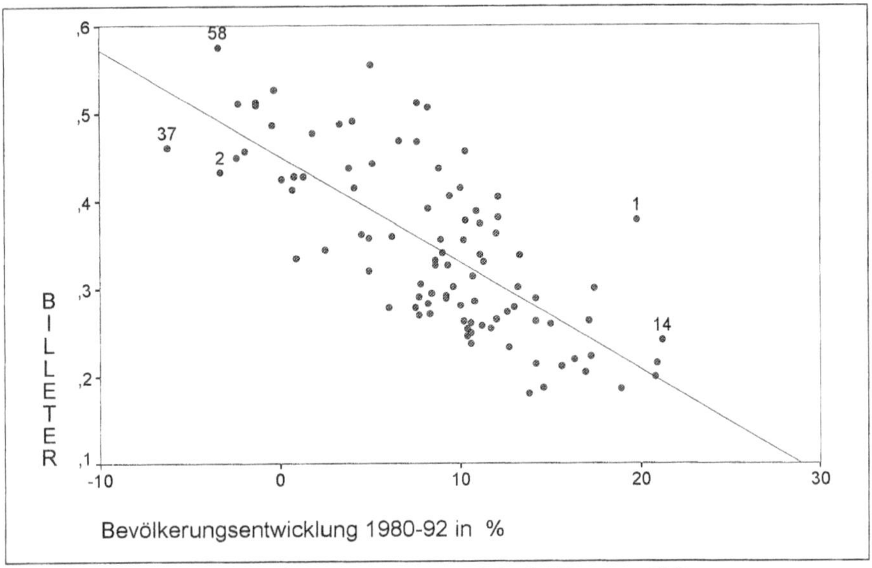

B = 0,4509-0,1213*Bevent80/92 $R^2 = 0,548$ p: <.001

Karte 2 zeigt, daß die gesamte Region um Ingolstadt starke Bevölkerungszuwächse zu verzeichnen hatte. Schrumpfende oder nur schwach wachsende Bevölkerungen haben die meisten kreisfreien Städte sowie der Nordosten Bayerns. Dies könnte ein noch zu bestätigender Hinweis darauf sein, daß in kreisfreien Städten das Geburtenniveau relativ niedrig und daß der Nordosten Bayerns ein typisch peripherer, von Abwanderungen junger Menschen betroffener Raum ist. Da sich der Bevölkerungszuwachs sowohl aufgrund eines relativ hohen Geburtenüberschusses als auch aufgrund hoher Wanderungsgewinne ergeben kann, müssen diese beiden Vorgänge noch getrennt voneinander untersucht werden.

Natürlicher Bevölkerungssaldo

Der natürliche Bevölkerungssaldo im selben Zeitraum wird berechnet aus dem Verhältnis der Zahl der Geborenen, bezogen auf die Zahl der Gestorbenen (jeweils zwischen 1.1.1980 und 31.12.1992) je 1000 Einwohner am 31.12. 1980. Er ist das Ausmaß, in dem die Bevölkerung aus sich heraus schrumpft oder wächst. Wanderungsbewegungen sind in diesem Maß nicht enthalten, allerdings muß bei der Interpretation berücksichtigt werden, daß Fertilitäts- und Mortalitätsniveaus von Wanderungen beeinflußt werden können (z.B. durch starke Zuwanderung potentieller Elternjahrgänge oder älterer Menschen mit einer höheren Sterbewahrscheinlichkeit).

Abbildung 6.2: Natürlicher Bevölkerungssaldo je 1000 Einwohner 1980-1992 und Altersstruktur

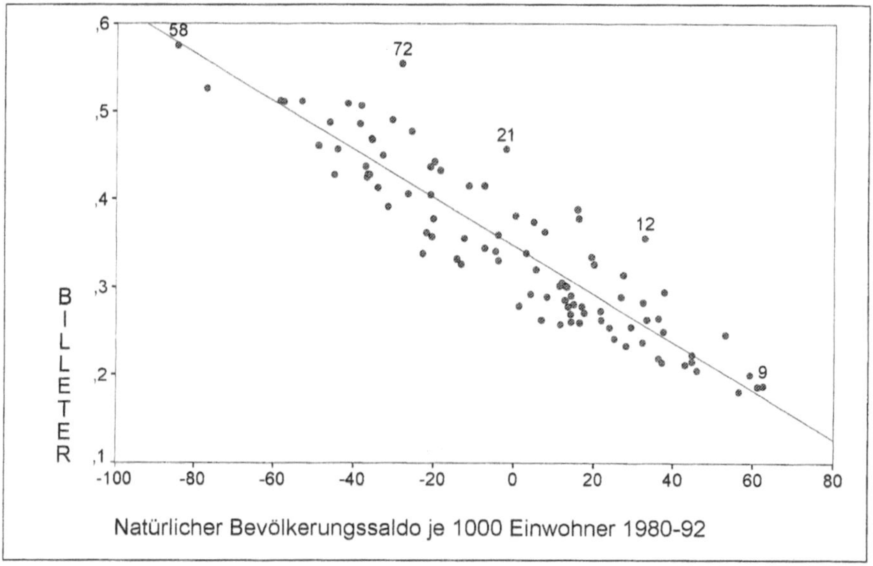

B = 0,3462-0,0027*Saldo80/92 $R^2 = 0{,}837$ p: <.001

Im Vergleich zur Bevölkerungsentwicklung insgesamt zeigt sich beim natürlichen Bevölkerungssaldo ein noch viel stärkerer Zusammenhang mit dem Altersaufbau (Abbildung 6.2): Je höher der natürliche Saldo zwischen 1980 und 1992 war, desto demographisch 'jünger' ist die Bevölkerung im Jahr 1993. Alle Werte liegen ohne große sogenannte 'statistische Ausreißer' nahe an der Regressionsgeraden. Dieser Zusammenhang gilt also auch für die ländlichen Kreise, in denen die Zahl der Geburten relativ hoch sein müßte (z.B. Wunsiedel i. F.). Große Ähnlichkeiten bestehen bei der räumlichen Verteilung zwischen dem Bevölkerungswachstum insgesamt und dem natürlichen Saldo: Karte 3 zeigt das gleiche Muster wie Karte 2. In erster Linie sind es die kreisfreien Städte und die Kreise Nordost-Bayerns, die den niedrigsten natürlichen Bevölkerungssaldo aufweisen. Überdurchschnittlich hohe Werte erzielen die Landkreise, die die kreisfreien Städte umgeben, sowie einige peripher gelegene Kreise wie Freyung-Grafenau oder Neumarkt. Innerhalb der peripheren Räume ist kein einheitliches Muster zu erkennen. Altersspezifische Wanderungsbewegungen als Verzerrungsfaktor können dieses Phänomen nur bedingt erklären. Aufschlüsse darüber können erst gewonnen werden, wenn interregionale Wanderungen unter diesem Aspekt analysiert werden. Ebenso könnten auch unterschiedliche Fertilitäts- und Mortalitätsniveaus eine Rolle spielen, weil sie im natürlichen Saldo nur in Kombination betrachtet werden. Zum Beispiel könnte der Landkreis Wunsiedel durchaus ein hohes Geburtenniveau aufweisen, was generell für ländliche Kreise anzunehmen ist. Die hohe Zahl an Geburten könnte durch hohe Sterbeziffern allerdings wieder 'neutralisiert' worden sein, so daß am Ende ein geringer natürlicher Bevölkerungssaldo steht.

Bevor dies geklärt wird, soll derselbe Indikator als reines Querschnittsmaß analysiert werden. Auf diese Weise soll getestet werden, inwieweit die Determinanten zu einem bestimmten Zeitpunkt in der Lage sind, langfristige strukturelle Gegebenheiten adäquat abzubilden. Wenn das der Fall wäre, müßte die Analyse des natürlichen Bevölkerungssaldos im Jahre 1992 zu ähnlichen Ergebnissen führen wie die Langzeitbetrachtung. Dies würde empirisch belegen, daß mit der in Kapitel 4 beschriebenen Methodik (Querschnittanalyse) die formulierten Thesen angemessen untersucht werden können.

Abbildung 6.3 und Karte 4 zeigen ein im Vergleich nahezu identisches Ergebnis, obwohl nicht mehr der natürliche Bevölkerungssaldo im Zeitraum von 13 Jahren, sondern nur noch der aus einem einzigen Jahr mit dem aktuellen Altersaufbau korreliert wird. Das ist wohl ein Beleg dafür, daß sich in der Verteilung dieser Variablen die spezifisch räumlichen Strukturbedingungen abbilden, die sich selbst über längere Zeiträume hinweg wenig ändern.

6.1.1.2 Geburtenniveau

Das Geburtenniveau ließ sich aus den verfügbaren Daten nicht mit altersstrukturunabhängigen Maßen berechnen, wie sie beispielsweise die zusammengefaßte Geborenenziffer oder die Nettoreproduktionsrate wären. Da die Geborenenzahl je Altersstufe der Mütter nicht gegeben war, wurde eine Geburtenmeßziffer berechnet, die Altersstruktureffekte nur innerhalb der weiblichen Bevölkerung im reproduktiven Alter aufweist. Die Fruchtbarkeitsziffer gibt die Zahl der Lebendgeborenen je 1000 Frauen im Alter zwischen 15 und 49 an und wird v.a. bei kleinräumigen Bevölkerungsanalysen verwendet, wo oftmals keine detaillierteren Daten verfügbar sind (z.B. auch bei Jung 1982: 75 ff.). Die Gefahr, daß mit dieser Meßzahl das tatsächliche Geburtenniveau leicht verzerrt gemessen werden könnte, ist zwar gegeben. Gleichwohl dürften diese Verzerrungen nicht grob verfälschend wirken, weil sie quantitativ hinter den tatsächlichen regionalen Strukturunterschieden kaum ins Gewicht fallen.

Abbildung 6.3: Natürlicher Bevölkerungssaldo je 1000 Einwohner 1992 und Altersstruktur

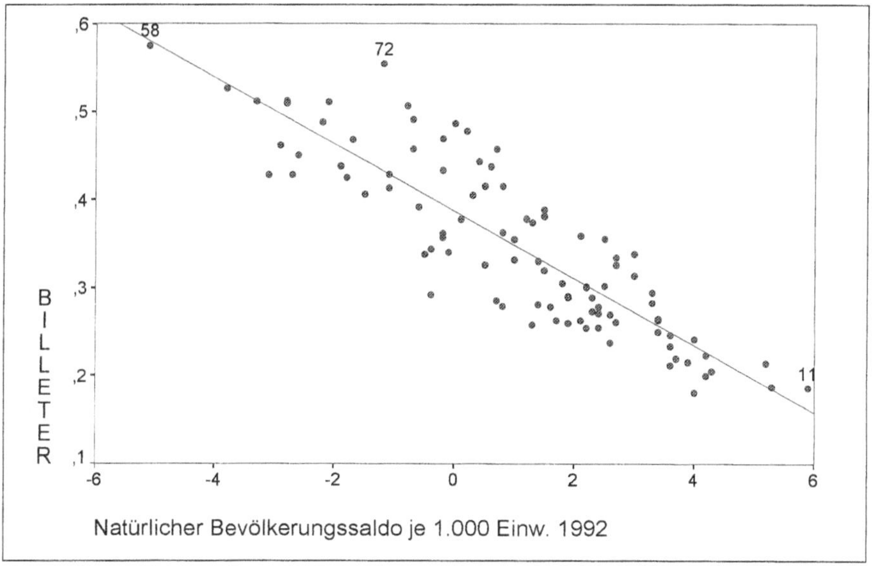

B = 0,3866-0,0381*Saldo92 $R^2 = 0,770$ p: <.001

In Abbildung 6.4 ist zu erkennen, daß der Wertebereich der Fruchtbarkeitsziffer einen beträchtlichen Umfang aufweist (zwischen 32 in der Kreisstadt Passau und 58 im Landkreis Unterallgäu). Von einer regionalen Angleichung des Geburtenniveaus kann also nach wie vor nicht gesprochen werden.[25] Je größer die regionalen Unterschiede sind, desto mehr müßte Fruchtbarkeit den differentiellen Altersaufbau von Bevölkerungen beeinflussen (breiter Jugendsockel). Der Zusammenhang zwischen den beiden Variablen (R^2 = 38,7%) ist zwar nicht so groß wie beim natürlichen Bevölkerungssaldo, aber immer noch hoch signifikant. Die niedrigsten Geburtenniveaus finden sich in den Ballungsgebieten um München und Nürnberg, in den meisten kreisfreien Städten sowie in großen Teilen Niederbayerns und im oberbayerischem Voralpenland (Karte 5). Hohe Geburtenniveaus zeigen sich in Mittel- und Unterfranken und in Schwaben. Auch hier zeigt sich kein einheitliches Bild innerhalb peripherer Räume. Der einzige systematische Unterschied zeigt sich zwischen kreisfreien Städten und ländlichen Kreisen. Dies läßt sich in erster Linie damit begründen, daß

[25] Dieses Ergebnis deckt sich mit Befunden für die gesamte Bundesrepublik (vgl. Schwarz 1983; Bucher 1989; Birg et al. 1990).

1. in größeren Städten Frauen eher einer Erwerbstätigkeit nachgehen und erst zu einem späteren Zeitpunkt eine Familie gründen (subjektiver Faktor);
2. die Miet- und Immobilienpreise in Städten inzwischen so hoch sind, daß Frauen einer Erwerbstätigkeit nachgehen müssen, weil ein Einkommen zur Lebenshaltung oft nicht mehr ausreicht (ökonomischer Faktor).

Für diese Thesen spricht auch das niedrige Geburtenniveau in den typischen Suburbanisierungsräumen um München und Nürnberg. Dort ist zwar der natürliche Bevölkerungssaldo und zugleich die absolute Zahl an Geborenen sehr hoch; dieser Befund relativiert sich aber, wenn die Geburtenhäufigkeit auf die Frauen im reproduktiven Alter bezogen wird. Der Verjüngungseffekt durch Suburbanisierung könnte demzufolge tatsächlich ein vorübergehendes Phänomen sein. Eine vergleichsweise niedrige Reproduktivität in suburbanen Zonen läßt vermuten, daß dort in wenigen Jahrzehnten 'Witwensiedlungen' anzutreffen sein werden (vgl. Abschnitt 3.1.1).

Abbildung 6.4: Fruchtbarkeitsziffer 1993 und Altersstruktur

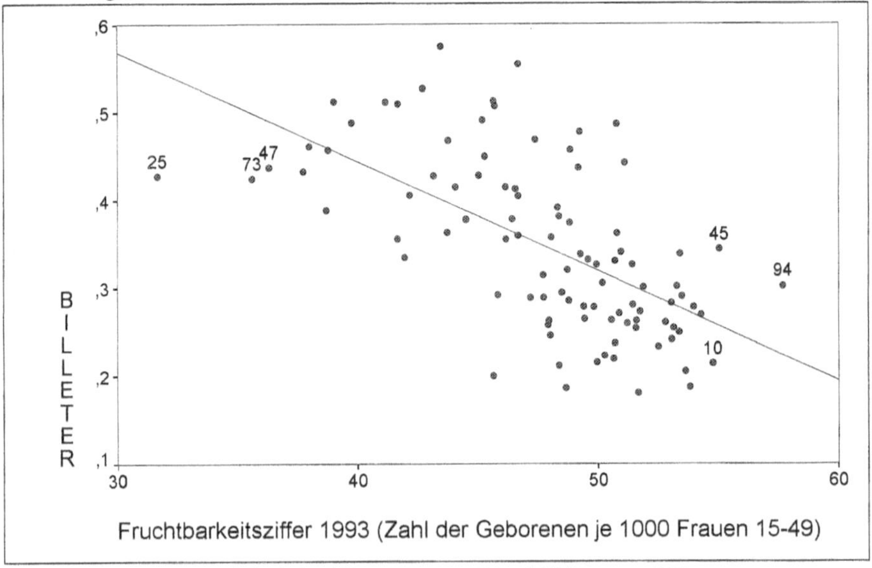

B = 0,9428-0,0125*Fruchtbarkeitsziffer $R^2 = 0{,}387$ p: <,001

6.1.1.3 Alterssterblichkeit

Die Bedeutung regionaler Unterschiede der Sterblichkeit wird in der Literatur unterschiedlich bewertet. Zunächst muß festgehalten werden, daß es regionale

Sterblichkeitsunterschiede in einer Größenordnung gibt, die sich auf den Altersaufbau auswirken könnten (Stiens, Gatzweiler 1984; Neubauer 1988; Bucher 1993). Es bleibt allerdings fraglich, ob auch ein Bezug zu raumstrukturellen Merkmalen hergestellt werden kann. Bucher sieht keinen eindeutigen Zusammenhang mit regionalen Strukturen; überdurchschnittliche Sterblichkeit ist sowohl in altindustrialisierten, hochverdichteten Räumen als auch in ländlichen, peripheren Gebieten anzutreffen. Neubauer kommt für die bayerischen Kreise zu einem konträren Ergebnis: Während die Sterblichkeit der Männer in den Landkreisen niedriger ist, ist sie bei den Frauen in den kreisfreien Städten niedriger. Die Prozentabweichungen bleiben hierbei gering (2,7% Männern und 1,3% bei Frauen). Jung hält die Unterschiede in den Sterblichkeitsniveaus für nicht so gravierend, daß dadurch die räumliche Verteilung der Bevölkerung beeinflußt werden könnte (Jung 1982: 111).

Von allen demographischen Vorgängen, die als Determinanten von Altersstrukturdifferenzen in Frage kommen, sind Meßziffern zur kleinräumigen Sterblichkeitsanalyse am schwierigsten zu operationalisieren. Das einzige valide altersstrukturunabhängige Sterblichkeitsmaß ist die Lebenserwartung bei Geburt e_0. Dieses Maß kann allerdings nur aus einer mit viel Aufwand konstruierten Sterbetafel generiert werden. In kleinen Räumen wäre die Zahl der Sterbefälle vor allem in unteren Altersstufen viel zu gering, um daraus eine ausreichende, aussagekräftige Sterbetafelbevölkerung beziehen zu können. Ungefähr 85% (Männer) bzw. 92% (Frauen) der Sterbefälle ereignen sich oberhalb des Alters 60 (Statistisches Bundesamt 1996: 77). Die altersspezifische Mortalität ('Absterbeordnung') von einem Raum zum anderen müßte stark abweichen, wenn sie Unterschiede im Altersaufbau von Bevölkerungen bewirken sollte. Am ehesten ist das für diejenige Altersstufe zu vermuten, in der sich die meisten Sterbefälle ereignen. Nach der verfügbaren Datenlage ist das die Altersstufe der über 75-Jährigen. Oberhalb dieser Grenze wird nicht weiter nach dem Alter der Gestorbenen differenziert. Als einzige mögliche Operationalisierung regionaler Sterblichkeitsunterschiede erschien die Berechnung der Sterbeziffer für die höchste Altersgruppe. Da die altersspezifische Sterbewahrscheinlichkeit innerhalb dieser großen Altersgruppe stark ansteigt, ist zu vermuten, daß der Altersaufbau innerhalb der Gruppe der über 75-Jährigen erheblichen Einfluß auf die Sterbeziffer hat. Im Vergleich zur Fruchtbarkeitsziffer gefährden hier unterschiedliche Jahrgangsstärken die Aussagekraft des Ergebnisses erheblich. Trotzdem erschien es angebracht, wenigstens ein Sterblichkeitsmaß als Determinante von Altersstrukturdifferenzen zu testen.

In Karte 6 lassen sich systematische regionale Unterschiede erkennen. Vor allem in den kreisfreien Städten und im Voralpenland ist die Sterbeziffer der über 75-Jährigen am niedrigsten. Notfalldienste, Ärztedichte und kürzere Wege zur stationären Patientenaufnahme könnten infrastrukturelle Gründe dafür sein, daß in Städten und im Voralpenland die Werte niedriger liegen. Je höher die Sterbeziffer ist, desto niedriger müßte der Anteil älterer Menschen an der Gesamtbevölkerung sein, weil sie eine vergleichsweise kürzere Zeit in hohen Altersstufen verleben. Abbildung 6.5 stützt diese These in gewisser Hinsicht. Der Zusammenhang ist statistisch hoch signifikant, der Anteil der erklärten Varianz liegt allerdings deutlich unter dem Niveau der vorangegangenen Meßziffern (R^2=17,7%). Bedenkt man die grundsätzlichen Unwägbarkeiten, die sich hinter der Konstruktion und Aussagekraft des Maßes verstecken, wird die Eingangsthese belegt, daß Sterblichkeitsunterschiede nur schwach mit Altersstrukturdifferenzen zusammenhängen.

Abbildung 6.5: Altersspezifische Sterbeziffer der über 75-Jährigen 1993 und Altersstruktur

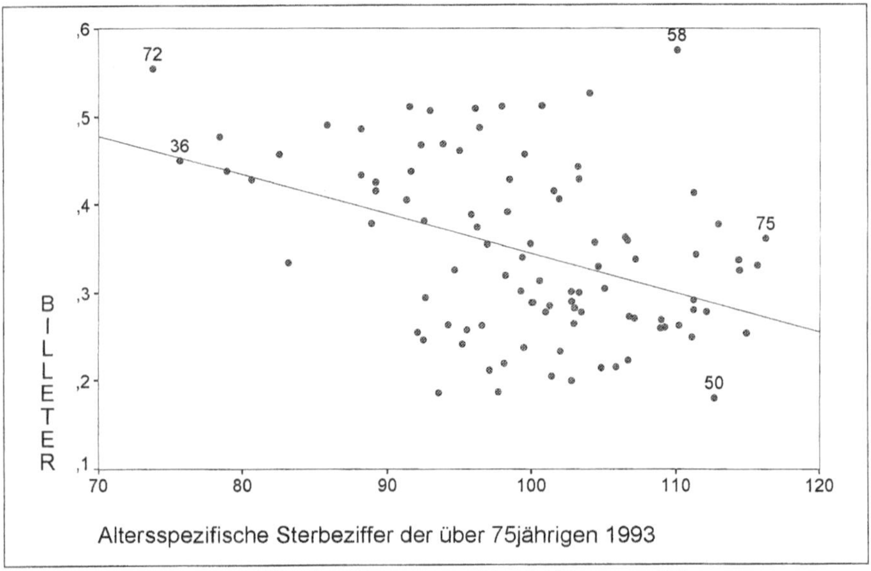

B = 0,7891-0,0044*Sterbeziffer über 75 $R^2 = 0,177$ p: <.001

6.1.1.4 Wanderungen

Die Ausführungen zum aktuellen Forschungsstand in Abschnitt 3.1 deuteten darauf hin, daß interregionale Migration als wichtigster Faktor für die kleinräumige Bevölkerungsentwicklung erachtet wird. Für den Altersaufbau einer Bevölkerung ist entscheidend, in welchen Altersstufen Zu- und Abwanderungen stattfinden. Trotzdem soll der Wanderungsvorgang insgesamt daraufhin geprüft werden, inwieweit er mit Altersstrukturen korreliert, bevor die Wanderungsbewegungen in altersspezifische Wanderungssalden aufgebrochen werden.

Gesamtwanderungssaldo

Wanderung wird in der Literatur oft als bedeutsamste Determinante der regionalen Verschiebungen der Altersstruktur bezeichnet (Schwarz 1978; Bucher 1993: 43 ff.). Die Altersselektivität der Migration führt zu Altersstruktureffekten in den Herkunfts- und Zielregionen. Wanderungssalden älterer Menschen wirken sich im Vergleich zu denen jüngerer Menschen weniger auf den Altersaufbau aus. Schwarz nennt hierfür zwei einleuchtende Gründe (Schwarz 1978: 20):

1. Ältere Personen leisten keinen Beitrag für die Regeneration der Bevölkerung (ihr 'reproductive value' ist gleich null)[26].
2. Ältere Personen scheiden durch Tod vergleichsweise früher aus der Bevölkerung aus. Der Zeitraum, in dem sie einer Alterspyramide angehören, ist also kürzer.

Für die Analyse standen die Wanderungssalden für das Jahr 1991 zur Verfügung; ein Jahr, in dem die Bundesrepublik und vor allem auch Bayern mit großen Zuwanderungen konfrontiert war: Aussiedler, Asylbewerber, jugoslawische Bürgerkriegsflüchtlinge und auf Binnenebene Umsiedler aus der ehemaligen DDR. So verwundert es nicht, daß die Wanderungssalden in Bayern bis auf die Stadt Erlangen durchweg positiv waren[27] (Abbildung 6.6). Im Gesamtwanderungssaldo wird nicht zwischen Binnen- und Außenwanderung unterschieden. Die Größen dürfen demgemäß nicht mit der Zuwanderungsintensität der genannten Gruppen gleichgesetzt werden. Die Richtung des Zusammenhangs entspricht der Erkenntnis, daß in erster Linie junge Menschen wandern, hohe Zuwanderungssalden also zu einer Verjüngung der heimischen Bevölkerung führen. Die Korrelation ist zwar hoch signifikant, der Anteil der erklärten Varianz aber deutlich unter dem der natürlichen Bevölkerungsvorgänge. Das deutet darauf hin, daß der Einfluß der Wanderungen auf die Bevölkerungsstruktur allgemein überschätzt werden könnte oder die altersspezifischen Wanderungssalden sich in ihrer Wirkung neutralisieren.

Der ostbayerische Raum profitiert am wenigsten (ehemaliges Zonenrandgebiet) von den Zuwanderungen des Jahres 1991 (vgl. Karte 7). In diesem strukturschwachen Raum ist wohl der angespannte Arbeitsmarkt ein negativer Attrakti-

[26] Zum Begriff des 'reproductive value' und seiner Bedeutung für die Bevölkerungsdynamik vgl. Dinkel 1989: 130 ff.

[27] Die Wanderungssalden werden aus den Zu- und Abgängen innerhalb des angegebenen Zeitraums gebildet und auf die Ausgangsbevölkerung dieses Zeitraums bezogen. Verzerrungen können durch Erfassungsfehler bei den An- und Abmeldungen verursacht werden, dürften den grundsätzlichen Trend allerdings nicht verfälschen.

vitätsfaktor, der Migranten in stärkere Wirtschaftsräume abfließen läßt. Des weiteren verzeichnen einige kreisfreie Städte niedrige Zuwanderungssalden (z.B. München, Erlangen, Würzburg, Bamberg), während andere von hohen Wanderungsgewinnen profitieren (z.B. Landshut, Coburg, Fürth, Kaufbeuren). Der Gesamtwanderungssaldo setzt sich zusammen aus Binnen- und Außenwanderungssaldo. Eine gesonderte Analyse kann zeigen, inwieweit diese mit dem Altersaufbau zusammenhängen.

Abbildung 6.6: Gesamtwanderungssaldo je 1000 Einwohner 1991 und Altersstruktur

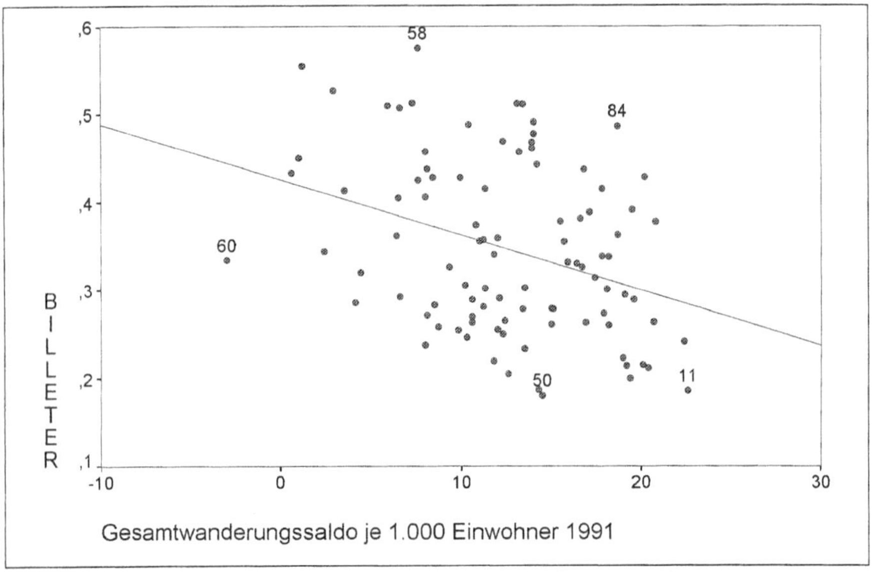

B = 0,4253-0,0063*Gesamtwanderung $R^2 = 0,122$ p: <.001

Binnenwanderungssaldo

Der Binnenwanderungssaldo weist im Vergleich zum Gesamtwanderungssaldo stärker auf Attraktivitätsdisparitäten zwischen den Räumen hin. Die Push- und Pull-Faktoren können sich dabei erheblich voneinander unterscheiden (vgl. Abschnitt 3.1). Deutlich negative Binnenwanderungssalden haben die kreisfreien Städte Erlangen, München und Schweinfurt sowie die Kreise Fürth und Cham (vgl. Abbildung 6.7). Der Zusammenhang zwischen Binnenmigration und Altersstruktur ist leicht höher als bei der Gesamtwanderung, die Strukturen unterscheiden sich allerdings kaum: Der Saldo im ostbayerischen Raum sowie in einigen Großstädten ist nahe null (vgl. Karte 8). Erstaunlich sind die relativ niedrigen Wanderungsgewinne im Voralpenraum. Der Attraktivitätsfaktor 'Wohnumfeld' wird dort durch hohe Wohn- und Lebenshaltungskosten aufgehoben, die eine massenweise Zuwanderung verhindern. Hohe Zuwanderungsgewinne in der Mitte Bayerns lassen auf erfolgreiche Strukturpolitik in diesen ländlichen Räumen schließen.

Abbildung 6.7: Binnenwanderungssaldo je 1000 Einwohner 1991 und Altersstruktur

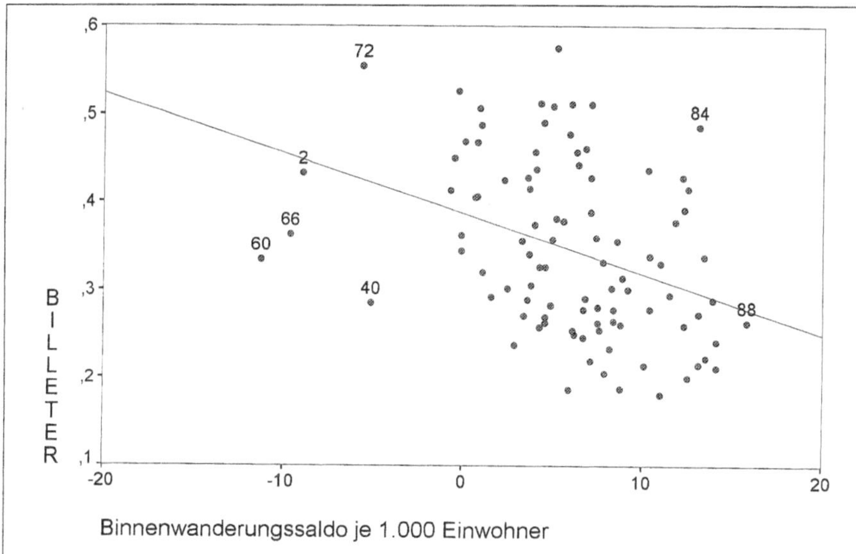

B = 0,3870-0,0069*Binnenwanderung $R^2 = 0,134$ p: <.001

Außenwanderungssaldo

Der Außenwanderungssaldo wird vor allem durch Ausländerzu- und -fortzüge geprägt (Göddecke-Stellmann 1994). Ein Blick auf Abbildung 6.8 veranschaulicht, daß örtliche Verzerrungen auftreten, wo sich zentrale Anlaufstellen für Aussiedler oder Asylbewerber befinden. Sie werden dort als Außenwanderungsgewinne erfaßt, die Fortzüge aus den Aufnahmeorten werden dagegen als Binnenwanderungsverluste registriert. In Bayern gilt dies für den Landkreis Fürth, wo in Zirndorf eine Außenstelle des Bundesamtes für die Anerkennung ausländischer Flüchtlinge eingerichtet ist. Für den Landkreis Freising ist ein weiterer Extremwert zu vermerken, der wahrscheinlich durch die Neuansiedlungen in Verbindung mit dem neuen Flughafen im Erdinger Moos zustandekommt. Diese zwei Extremwerte dürften das Gesamtergebnis im Vergleich zu den restlichen 94 Kreisen kaum beeinflussen. Alle Kreise hatten im Jahr 1991 einen positiven Außenwanderungssaldo. Zwischen dieser Variablen und der Altersstruktur besteht keinerlei

Zusammenhang. Die für die Gesamtmigration festgestellte Korrelation läßt sich also einzig und allein auf Binnenwanderungen zurückführen. Dieses Ergebnis könnte zwei Ursachen haben: Erstens könnte es sein, daß sich die Altersstrukturen der Zuwanderer nicht von den vorhandenen Altersstrukturen in den Kreisen unterscheiden. Zweitens könnte es sein, daß die Zuwanderung junger Ausländer in relativ überalterte Kreise nicht ausreicht, diese signifikant zu verjüngen. Ohne positiven Außenwanderungssaldo hätten die betreffenden Kreise allerdings noch höhere Anteile alter Menschen (vgl. Kapitel 4: Gefahr des ökologischen Fehlschlusses).

Abbildung 6.8: Außenwanderungssaldo je 1000 Einwohner 1991 und Altersstruktur

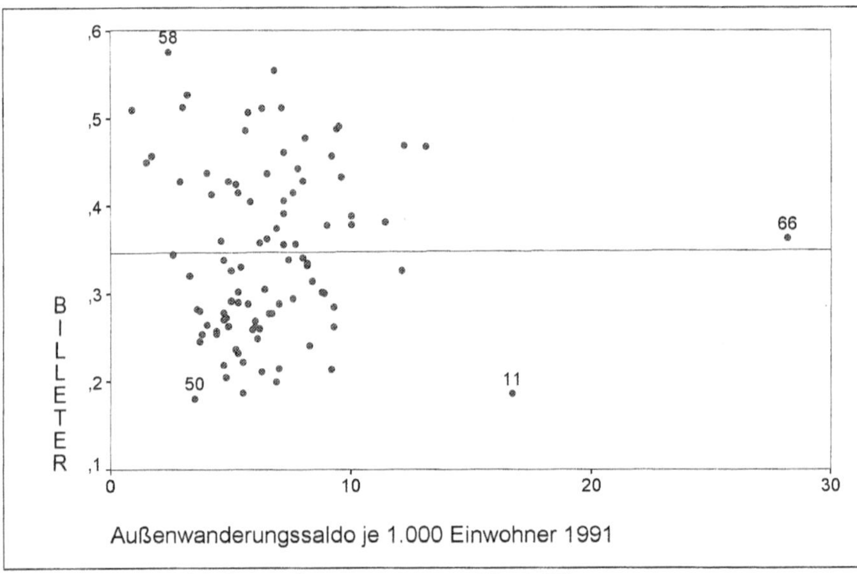

B = 0,3458+0,0001*Außenwanderung $R^2 = 0{,}000$ p: n.s.

Besonders hoch sind die Zuwanderungsgewinne in den Wirtschaftszentren Oberbayerns und Mittelfrankens (vgl. Karte 9). Das eher strukturschwache Nordbayern hat die geringsten Außenwanderungssalden. Vergleicht man die beiden Karten 8 und 9, fallen sofort markante Unterschiede auf: Die hochverdichteten Regionen haben niedrige Binnenwanderungs-, aber hohe Außenwanderungssalden. Das gleiche gilt fast für den gesamten Voralpenraum. Dies könnte sich durch Beschäftigungseffekte in der Tourismusbranche erklären. Peripher gelegene kreisfreie Städte scheinen für ausländische Zuwanderung wenig attraktiv zu sein (z.B. Hof, Weiden, Amberg). Diese Unterschiede rechtfertigen die gesonderte Analyse von Binnen- und Außenwanderung. Ursachenstruktur und Motive der Wandernden fallen bei den beiden Migrationstypen offensichtlich nicht zusammen. Nachfolgend wird das Wanderungsgeschehen auf verschiedene Altersstufen der Wandernden aufgeschlüsselt, um daraus besondere Wirkungen auf Altersstrukturen ableiten zu können.

Binnenwanderungssalden verschiedener Altersgruppen
Tabelle 6.1 vermittelt einen Überblick über die altersspezifische Wanderungsintensität. Das arithmetische Mittel der absoluten Wanderungssalden zeigt, daß in der Altersgruppe der 18- bis 24-Jährigen der höchste Wert erzielt wird, was heißt, daß sich die meisten Wanderungsfälle in dieser Altersgruppe ereignen, dicht gefolgt von der Altersgruppe der 25- bis 29-Jährigen, deren Wanderungsintensität kaum abnimmt. Mit zunehmendem Alter verringern sich die Werte deutlich. Die über 65-Jährigen haben dann sogar wieder einen geringfügig höheren Wert. Insgesamt zeigt sich, daß regionale Mobilität stark altersabhängig ist und junge Menschen dazu neigen, ihren Wohnort zu wechseln. Im Vergleich dazu spielt Altersmobilität eine immer noch untergeordnete Rolle. Neben den mittleren Salden sind in Tabelle 6.1 auch die jeweiligen Minima und Maxima wiedergegeben, um einen Überblick über den Wertebereich der Verteilungen zu ermöglichen. Der Minimalwert bei den unter 18-Jährigen in München ist ein eindeutiges Anzeichen dafür, daß Suburbanisierung vorwiegend von jungen Familien getragen wird. Das Minimum bei den 18- bis 24-Jährigen im Landkreis Fürth ist auf die bereits angesprochene Regelung zurückzuführen, daß Zirndorfer Asylbewerber bei den Fortzügen als Binnenwanderer registriert werden und diese in der betroffenen Altersstufe besonders häufig vertreten sind. Bemerkenswert ist die Universitätsstadt Passau, die in dieser Altersgruppe den Maximalwert erreicht (Zuwanderung von Studienanfängern), in der darauffolgenden Altersstufe der 25- bis 29-Jährigen dagegen den niedrigsten Wert aufweist. Aufgrund mangelnder Erwerbsmöglichkeiten für junge, hochqualifizierte Arbeitnehmer profitiert diese kleine Universitätsstadt offensichtlich nicht dauerhaft von ihrem Status. Dachau als typischer Suburbanisierungslandkreis mit moderner Wirtschaftsstruktur profitiert in dieser Altersgruppe am meisten. Schließlich fällt noch auf, daß die Stadt Erlangen für Familien und im Erwerbsleben Stehende wohl wenig attraktive Lebens- und Arbeitsbedingungen bietet. Dort ist der Saldo der 30- bis 49-Jährigen am niedrigsten.

Tabelle 6.1: Binnenwanderungssalden in verschiedenen Altersgruppen auf Kreisebene (je 1000 Einwohner gleichen Alters)

Altersgruppe	Minimum	Maximum	arithm. Mittel der absoluten Wanderungssalden
bis unter 18	-19,1 (KS München)	27,2 (KS Coburg)	9,91
18-24	-58,8 (LK Fürth)	68,3 (KS Passau)	13,44
25-29	-36,9 (KS Passau)	41,7 (LK Dachau)	13,01
30-49	-23,4 (KS Erlangen)	21,5 (LK Landsberg)	8,15
50-64	-6,6 (KS Erlangen)	12,0 (KS Kaufbeuren)	3,57
65 und älter	-11,3 (LK Miesbach)	16,6 (LK Mühldorf)	3,64

Bei den unter 18-Jährigen besteht nur ein schwacher Zusammenhang zwischen Migrationssaldo und Altersstruktur (vgl. Abbildung 6.9). Die Punktewolke ist unsystematisch im Koordinatensystem verteilt. So müßten zum Beispiel die Kreisstädte Coburg und Kaufbeuren aufgrund ihres hohen Binnenwanderungssaldos in dieser Altersgruppe einen insgesamt jüngeren Altersaufbau haben. Die für München bereits vermutete Suburbanisierung zeigt sich ebenfalls bei anderen kreisfreien Städten (vgl. Karte 10). Dort, wo die Wanderungsverluste relativ hoch sind, wandern relativ viele Kinder und Jugendliche in die zugehörigen Umlandkreise ab. Ebenso verzeichnen der Bayerische Wald und das Voralpenland teilweise Wanderungsverluste in dieser Altersgruppe. Umzüge der Eltern in wirtschaftlich attraktivere Gegenden könnten dafür verantwortlich zeichnen.

Das Wanderungsverhalten der 18- bis 24-Jährigen ist ein Indikator für schulische und berufliche Ausbildungswanderung, vor allem der Studienanfänger, die sich auf diese Altersgruppe konzentrieren. Abbildung 6.10 spiegelt die bereits angedeutete Sonderstellung des Landkreises Fürth wider. Insgesamt entspricht der Zusammenhang nicht der erwarteten Richtung, wenngleich er nur schwach signifikant ist. Die meisten Werte konzentrieren sich um den ausgeglichenen Wanderungssaldo herum; die Varianz der Verteilung ist daher nicht so groß, um Altersstrukturdifferenzen erklären zu können. Wanderer dieser Altersgruppe scheinen in Kreise mit relativ älterer Bevölkerung zu ziehen (z.B. die Städte Passau und Bamberg). Hier gilt ähnliches wie bei der Außenwanderung. Würde die Bildungswanderung in die Hochschulstädte unterbleiben, hätten diese wohl noch höhere Altersquotienten. Dies zeigt auch Karte 11. Bis auf Schweinfurt verzeichnen alle Kreise mit Hochschulen die höchsten Wanderungsgewinne. Ländliche Kreise in peripheren Räumen verbuchen dagegen Wanderungsverluste. Um altersspezifische Migration als Determinante des Altersaufbaus verstehen zu können, muß der strukturelle Faktor ‘Bildungsattraktivität’ berücksichtigt werden (vgl. Abschnitt 6.1.3.1).

Abbildung 6.9: Binnenwanderungssaldo der unter 18-Jährigen 1991 und Altersstruktur

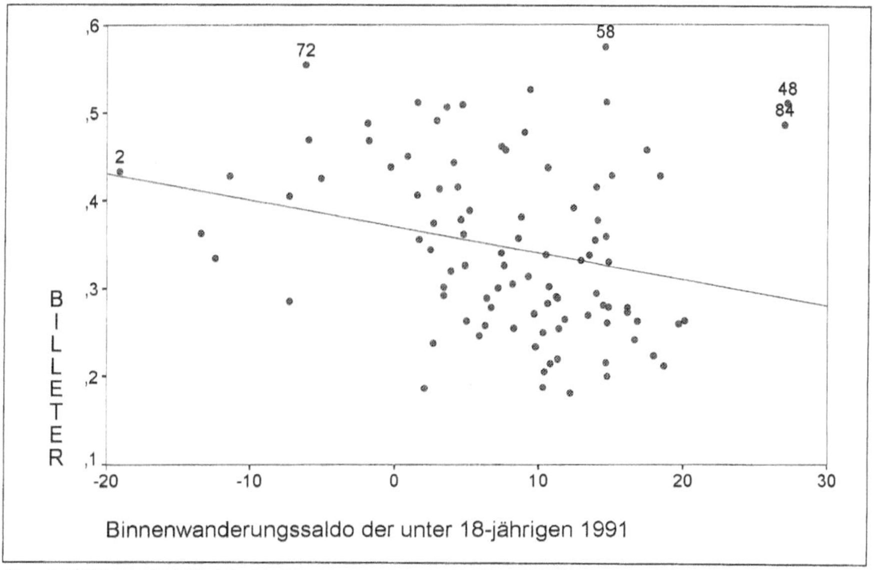

B = 0,3706+0,0030*Saldo bis 18 $R^2 = 0{,}064$ p: <.05

In der Altersgruppe der 25- bis 29-Jährigen entspricht der Zusammenhang im Gegensatz zur vorigen Altersgruppe der erwarteten Richtung (vgl. Abbildung 6.11). Der Migrationssaldo in diesen Altersstufen kann als Näherungsmaß für Disparitäten in den Erwerbschancen für junge Arbeitnehmer interpretiert werden. Fast alle Kreise mit Hochschulstandort, auch die Großstädte München, Augsburg und Erlangen, haben negative Wanderungssalden, ebenso ländliche Kreise in peripheren Räumen. Wanderungsgewinner sind Regionen mit Verdichtungsansätzen (vgl. Karte 12).

Für die 30- bis 49-Jährigen gelten dieselben strukturellen Merkmale und Zusammenhänge wie für die vorherige Altersgruppe (vgl. Abbildung 6.12 und Karte 13). Erwerbschancen als Wanderungsmotiv fallen hier zusammen mit günstigem Wohnumfeld für Familien (Suburbanisierung). 'Verlierer' sind in dieser Altersgruppe die Städte München und Erlangen, 'Gewinner' die Landkreise Landsberg und Augsburg.

Abbildung 6.10: Binnenwanderungssaldo der 18- bis 24-Jährigen 1991 und Altersstruktur

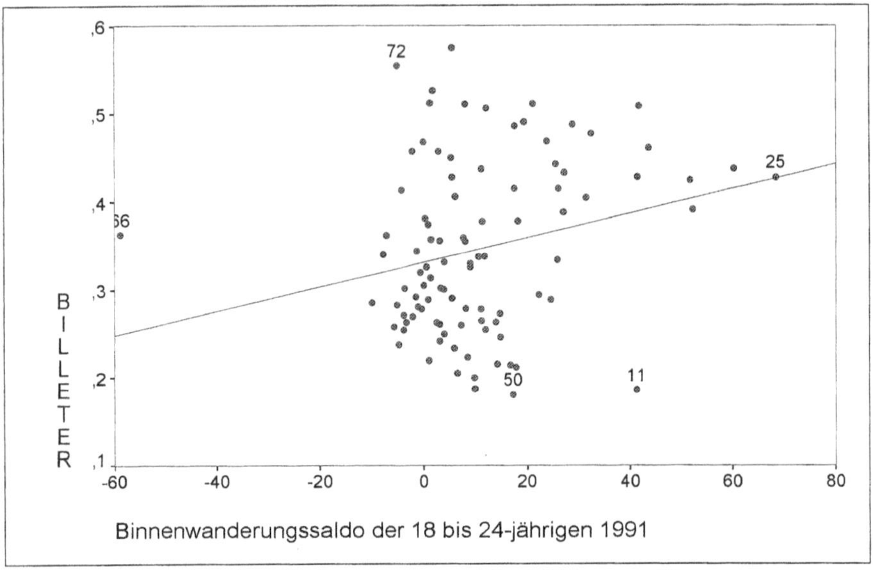

B = 0,3317+0,0014*Saldo 18 bis 24 $R^2 = 0{,}059$ p: <.05

Bei den älteren Erwerbstätigen oder bereits in den Ruhestand eingetretenen Personen ist die Wanderungsintensität bzw. regionale Mobilität am geringsten. Berufsmobilität ist in diesen Altersstufen nicht mehr erforderlich, in der Regel hat man sich in seinem Beruf etabliert, unter Umständen ein Eigenheim erworben und ist wenig veranlaßt, seinen Wohnstandort zu wechseln. Ein bivariater Zusammenhang zwischen Migration in dieser Altersgruppe und der Altersstruktur besteht nicht (vgl. Abbildung 6.13). Die einzige Gemeinsamkeit mit den letztgenannten Altersgruppen besteht darin, daß auch hier die Städte München, Nürnberg und Erlangen die größten Negativsalden aufweisen. Auf Karte 14 ist zu sehen, daß nicht nur diese Städte, sondern auch ihre Umlandkreise kaum Wanderungsgewinne verzeichnen. Der Südosten Bayerns profitiert insgesamt am meisten von der Zuwanderung der sogenannten 'jungen Alten'.

Abbildung 6.11: Binnenwanderungssaldo der 25- bis 29-Jährigen 1991 und Altersstruktur

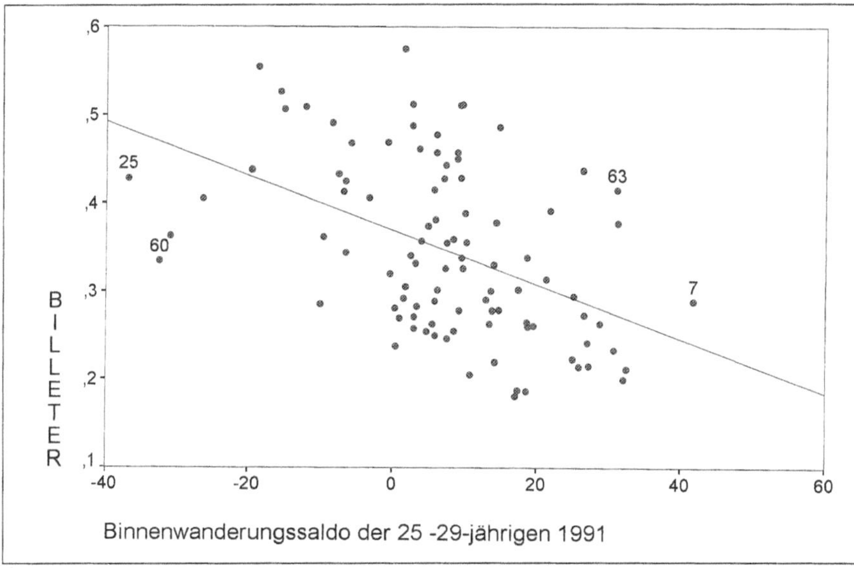

B = 0,3691-0,0031*Saldo 25 bis 29 $R^2 = 0,213$ p: <.001

Interessanter erscheint wieder die Gruppe der über 65-Jährigen. Abbildung 6.14 zeigt einen negativen, hoch signifikanten Zusammenhang zwischen Wanderungssaldo und Altersstruktur. Das heißt, daß in Bayern die Konzentration alter Menschen nicht durch Migration dieser Altersgruppe selbst verstärkt wird. Wenn es zu einer Konzentration kommt, dann nur indirekt durch das Abwandern der Jüngeren oder durch ein niedriges Geburtenniveau. Inhaltlich ist dieses Ergebnis deshalb schwer zu interpretieren, weil die Gruppe der über 65-Jährigen selbst heterogen zusammengesetzt ist. Es könnte sich bei den Migranten einerseits um körperlich und geistig vitale Menschen handeln, die ihren Altersruhesitz in einer landschaftlich attraktiven Gegend außerhalb der Großstädte verbringen wollen. Andererseits sind in diesem Alterssegment Menschen mit einem hohen Pflegefallrisiko enthalten, die gezwungen sind, sich stationär in einer Einrichtung der Altenpflege aufnehmen zu lassen. Die meisten sind in den großen Städten vorhanden.

Abbildung 6.12: Binnenwanderungssaldo der 30- bis 49-Jährigen 1991 und Altersstruktur

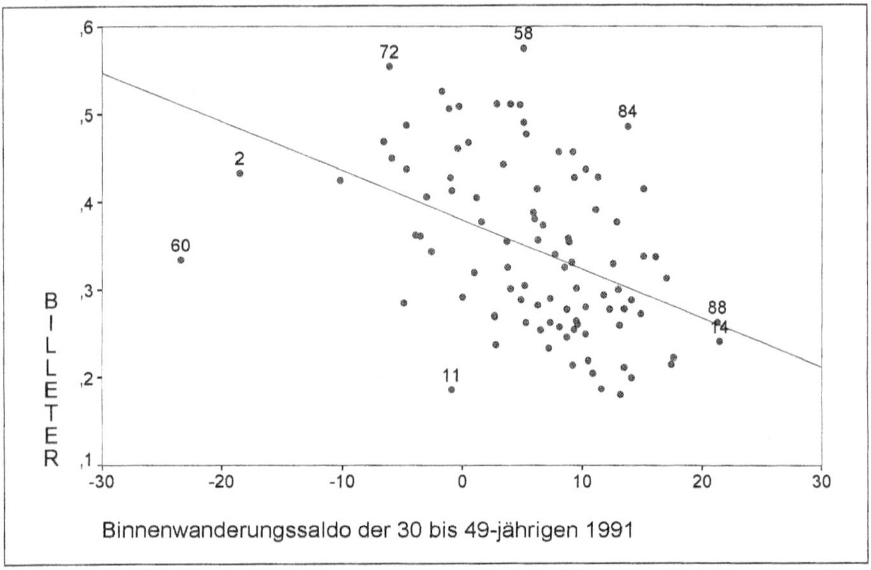

B = 0,3800-0,0056*Saldo 30 bis 49 $R^2 = 0,192$ p: <.001

Karte 15 gibt Aufschluß darüber, daß in kreisfreien Städten die Wanderungssalden weitgehend negativ sind. Erstaunlicherweise gilt das auch für den Landkreis Miesbach, der im Vergleich zu den Nachbarlandkreisen ein völlig anderes Bild abgibt. Neben Südostbayern verbuchen auch die meisten mittel- und unterfränkischen Landkreise einen überdurchschnittlichen Zuwanderungsgewinn. Der Aufbau altengerechter Infrastruktur wird eine Zukunftsaufgabe für diese Kreise sein; gleichzeitig könnten diese Einrichtungen ihrerseits für weitere Zuwanderung älterer Menschen anziehend wirken (vgl. Abschnitt 3.1.2).

Zusammenfassung

Die Ausführungen zu den Zusammenhängen zwischen demographischen Vorgängen und regionalen Altersstrukturdifferenzen haben folgendes gezeigt:

- Regionale Unterschiede in der Geburtenhäufigkeit scheinen eine wichtige Determinante für den Altersaufbau von Regionalbevölkerungen zu sein.
- Sterblichkeitsunterschiede sind zwar in der Literatur des öfteren nachgewiesen worden. Sowohl ihre Operationalisierbarkeit als auch ihre theoretische Relevanz geben Anlaß zu vermuten, daß Sterblichkeit ganz anders als Geburtenhäufigkeit und altersselektive Migration eine untergeordnete Rolle spielt.

- Es hat sich gezeigt, daß Wanderungsbewegungen die Alterszusammensetzung maßgeblich beeinflussen. Die Analyse altersspezifischer Wanderungssalden deutet darauf hin, daß Wanderung in gewissen Altersstufen zu einer Dekonzentration von Altersanteilen beitragen kann (z.B. Ausbildungswanderung, Altenwanderung).

Abbildung 6.13: Binnenwanderungssaldo der 50- bis 64-Jährigen 1991 und Altersstruktur

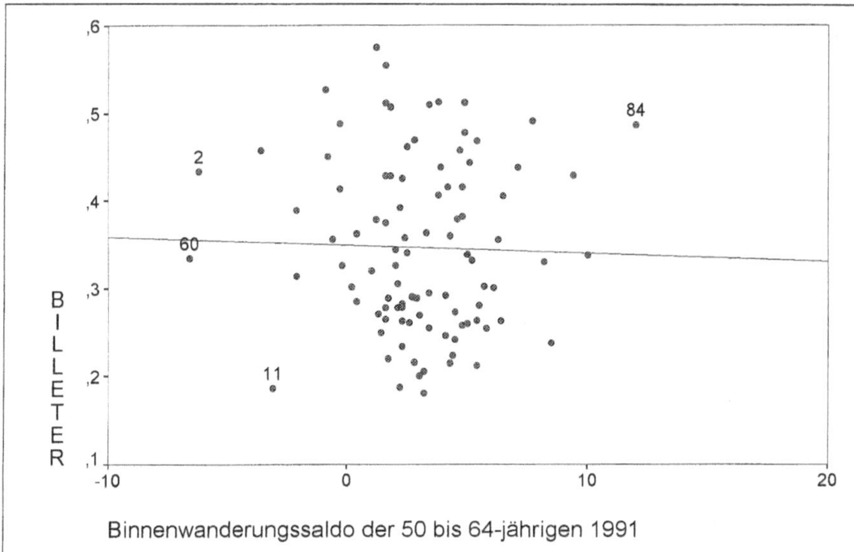

B = 0,349300-0,0009*Saldo 50 bis 64 $R^2 = 0,001$ p: n.s.

Demographische Vorgänge und ihr Ergebnis, die Altersstruktur, sind überlagert von ökonomischen, sozialstrukturellen und sozialpsychologischen Faktoren. Bis auf letzteren Ursachenbereich können diese Faktoren auf der Aggregatebene der Kreise operationalisiert und auf Zusammenhänge hin untersucht werden, was in den folgenden Abschnitten erfolgen soll. Inhaltlich werden diese Faktoren in vier Dimensionen eingruppiert: Siedlungsstruktur, Infrastruktur, Wohnortattraktivität und ökonomische Bedingungen.

Abbildung 6.14: Binnenwanderungssaldo der über 65-Jährigen 1991 und Altersstruktur

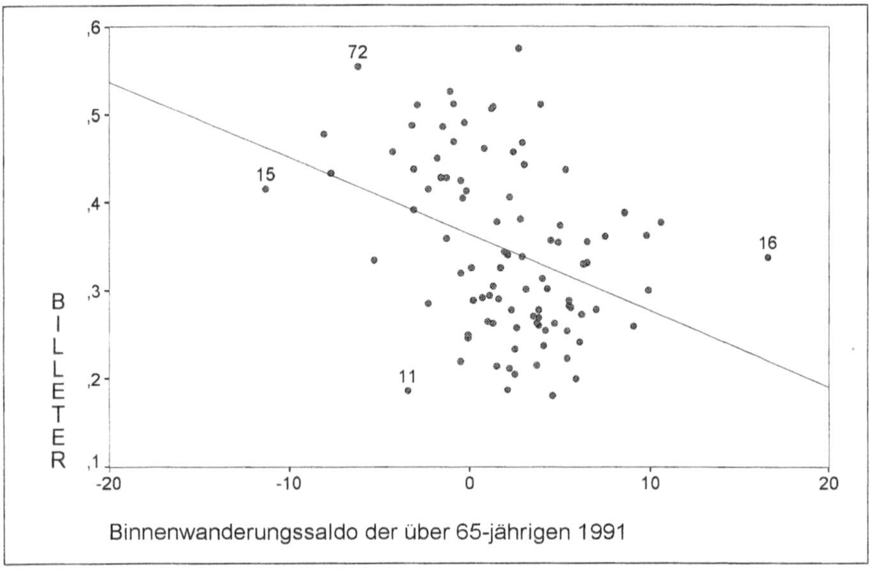

B = 0,3640-0,0087*Saldo über 65 $R^2 = 0{,}140$ p: <.001

6.1.2 Siedlungsstruktur

Siedlungsstrukturelle Merkmale und Bevölkerungsvorgänge sind in einem engen Zusammenhang mit der in Kapitel 3 geführten Diskussion sozialökologischer Theorien zu sehen. Die Siedlungsstruktur ist ein Teil der sozialen Umwelt und beeinflußt somit das generative Verhalten.

6.1.2.1 Geschlechterverhältnis oberhalb des Alters 75

Das Geschlechterverhältnis oberhalb des Alters 75 ist ein Indikator für zwei raumrelevante Merkmale. Da die Lebenserwartung von Frauen in den höchsten Altersstufen (e_{75}=11,05) die der Männer (e_{75}=8,78) deutlich übersteigt und nur 54,2% der Männer, aber 73,8% der Frauen dieses Alter erreichen, kann aus dem Geschlechterverhältnis einmal auf einen hohen Anteil Alleinstehender (Witwen) und sodann – der für uns interessante Aspekt – auf einen höheren Anteil dieser Altersgruppe an der Gesamtbevölkerung geschlossen werden (Statistisches Bundesamt 1996: 77). Abbildung 6.15 bestätigt diese Hypothese. In den Kreisen, in denen der Anteil der über 75-jährigen Frauen höher ist, steigen die Werte des Billeter-Maßes signifikant an. Immerhin umfaßt das Geschlechterverhältnis einen Wertebereich von knapp 66 (LK Erding) bis über 72 (LK Wunsiedel). Auf die räumliche Verteilung dieser Variablen bezogen, ergibt sich ein deutliches Ost-West-Gefälle. In den Zonenrandgebieten ist das Geschlechterverhältnis in dieser Altersgruppe besonders hoch. Unterfranken, Schwaben und Oberbayern verzeichnen weitgehend unterdurchschnittliche Werte (vgl. Karte 16). Dies kann damit erklärt werden, daß die Übersterblichkeit der Männer in den peripheren Räumen Ostbayerns stärker ausgeprägt ist (Neubauer 1988).

6.1.2.2 Bevölkerungsdichte

Die Bevölkerungsdichte als Maß der regionalen Bevölkerungsverteilung ist für viele räumliche Aspekte wie z.B. Belastung der Umwelt, Auslastung der Infrastruktur, aber vor allem auch urbane vs. ländliche Lebensweise relevant. Sie läßt sich mit Hilfe dreier Maße operationalisieren. Die ersten beiden, Regionstyp und Kreistyp, folgen dem räumlichen Beobachtungssystem der Bundesanstalt für Landeskunde und Raumordnung (BfLR). Das dritte Maß ist die 'Anzahl der Personen pro km^2'.

Der Regionstyp ist im Vergleich zum Kreistyp die gröbere Klassifikation von räumlichen Verdichtungsstufen. Der Tabelle 6.2 sind die Mittelwerte des Billeter-Maßes zu entnehmen. Danach zeigt sich kein eindeutig linearer Zusammenhang zwischen Regionstyp und Altersstruktur. Die jüngsten Kreise sind in Räumen mit Verdichtungsansätzen zu finden. Diese Korrelation könnte mit dem oben behandelten Faktor 'Bevölkerungsentwicklung' zu tun haben, weil in diesen Regionen das Wachstum der Bevölkerung am höchsten ist. Ländliche Kreise haben wohl deshalb höhere Werte im Vergleich zu den großen Verdichtungsräumen, weil in letzteren die städtischen Kerne und die suburbanen Zonen vermischt sind. Diese weisen aber stark unterschiedliche Altersstrukturen auf. Die Unterschiede zwischen den Regionen sind nur schwach signifikant. Der Regionstyp erweist sich als wenig geeignet, Zusammenhänge zwischen Siedlungs- und Altersstruktur nachzuweisen.

Abbildung 6.15: Anteil der Frauen älter als 75 und Altersstruktur

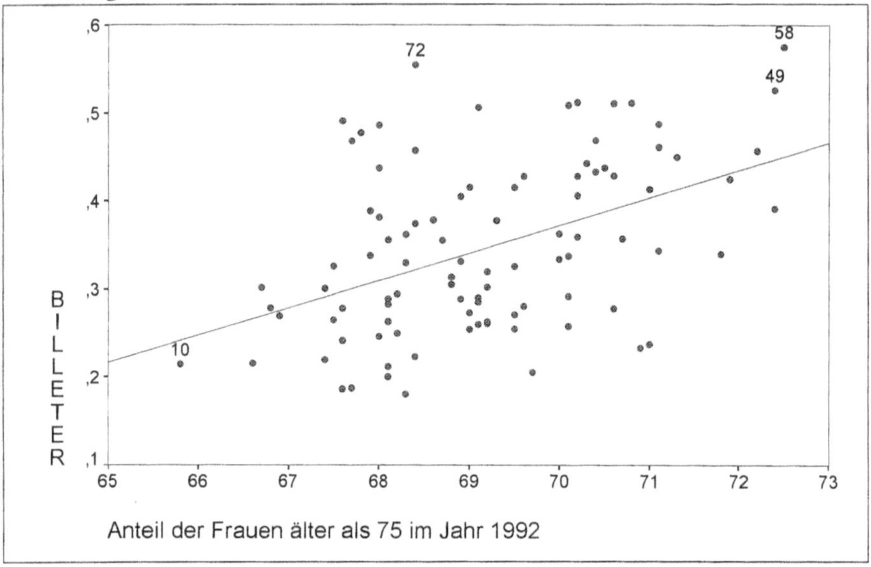

B = -1,8164+0,0313*Anteil Frauen 75+ $R^2 = 0,211$ p: <.001

Tabelle 6.2: Mittelwertvergleich des Billeter-Maßes nach Regionstyp

Regionstyp	Mittelwert	Anzahl der Kreise
große Verdichtungsräume	0,337	17
Verdichtungsansätze	0,306	21
ländlich, nicht peripher	0,380	36
ländlich, peripher	0,347	22

p: <.05

Eine Möglichkeit, die Kreise noch feiner nach ihrem Siedlungstypus zu untergliedern, ist die Klassifikation nach Kreistyp. Die BfLR teilt die Kreise in 9 verschiedene Typen ein.[28] Ein Problem bei dieser Vorgehensweise ist, daß die Besetzungszahlen je Klasse bei insgesamt 96 Kreisen zu klein werden, um arithmetische Mittelwerte sinnvoll vergleichen zu können. Aus diesem Grunde wurden diese 9 Typen in 3 Klassen zusammengefaßt, die sich von den Regionstypen merklich unterscheiden (vgl. Tabelle 6.3). Zwischen verdichteten und ländlichen Kreisen ergeben sich keine signifikanten Unterschiede mehr. Nur die Kernstädte haben einen deutlich höheren Wert. Bei nur 7 Kreisen, die in diese Kategorie fal-

[28] Vgl. zur Skalierung der Kreistypen die laufende Raumbeobachtung der BfLR.

len, hat dieser Wert allerdings keine große Aussagekraft für Rückschlüsse auf einen systematischen Zusammenhang.

Tabelle 6.3: Mittelwertvergleich des Billeter-Maßes nach Kreistyp

Kreistyp	Mittelwert	Anzahl der Kreise
Kernstädte	0,429	7
verdichtete Kreise	0,343	43
ländliche Kreise	0,338	46

p: n.s.

Die Bevölkerungsdichte kann intervallskaliert operationalisiert werden, indem die Anzahl der Personen auf die Fläche des jeweiligen Kreises bezogen wird (vgl. Abbildung 6.16 und Karte 17). Um der Linearitätsanforderung bei Regressionsanalysen gerecht zu werden, wurden die Variablenwerte der ursprünglich exponentiell verteilten Funktion logarithmiert. Auf diese Weise kann das lineare Regressionsmodell auf exponentielle Zusammenhänge angewendet werden. Es zeigt sich, im Gegensatz zur klassifikatorischen Betrachtung vorher, ein hoch signifikanter Zusammenhang zwischen der Einwohnerdichte und dem Altersaufbau der Kreisbevölkerungen (R^2=39,8%). Daraus lassen sich Rückschlüsse auf die Ausführungen in Kapitel 3 ziehen, in dem auf Zusammenhänge zwischen Urbanität und generativem Verhalten hingewiesen wurde. Das Ergebnis deutet darauf hin, daß die sozialökologische Interpretation urbaner Lebensweise von Louis Wirth nach wie vor nichts an Gültigkeit verloren hat (vgl. Abschnitt 3.2.2 und Wirth 1938).

Karte 17 illustriert, daß die kreisfreien Städte erwartungsgemäß die größere Einwohnerdichte im Vergleich zu den Landkreisen aufweisen. Auch die Umlandkreise der großen Agglomerationen sind inzwischen überdurchschnittlich dicht besiedelt. Die Quartilswerte zeigen, daß sich die Einwohnerdichten um ein Vielfaches unterscheiden und die Gleichwertigkeit der Lebensverhältnisse allein aus diesem Grunde eine große Herausforderung für die Regionalplanung darstellt (vgl. Kapitel 2).

Abbildung 6.16: Einwohner je km² 1992 (logarithmiert) und Altersstruktur

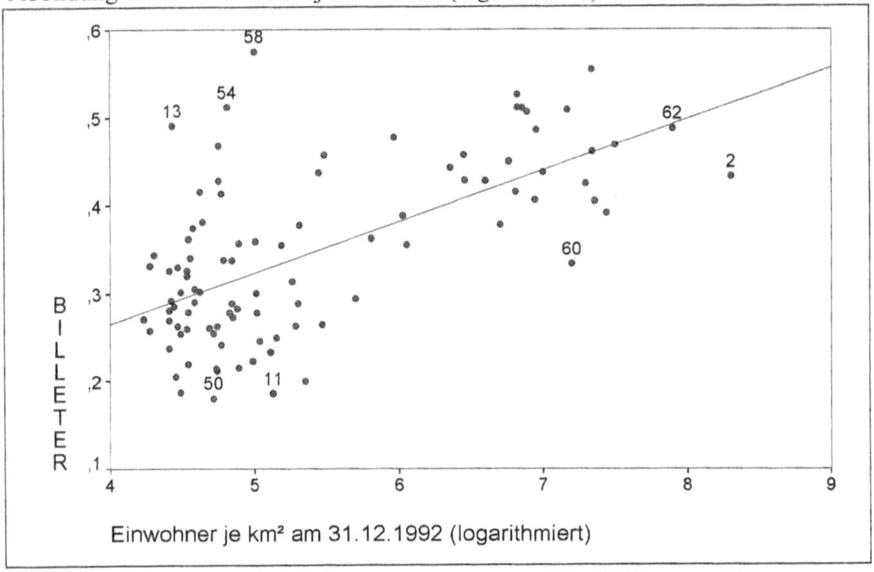

B = 0,0324+0,0583*Einwohnerdichte $R^2 = 0{,}398$ p: <.001

6.1.2.3 Ausländeranteil

Bei den Außenwanderungen, die in erster Linie von Ausländern dominiert werden, hatte sich kein Zusammenhang mit der Altersstruktur gezeigt. Wie verhält es sich aber mit einem möglichen Zusammenhang mit dem jeweiligen Ausländeranteil? Es wurde in Abschnitt 6.1.1.4 festgestellt, daß Ausländer bevorzugt in die hochentwickelten Wirtschaftsräume wandern. Von daher ist zu vermuten, daß dort auch der Anteil der Ausländer an der Gesamtbevölkerung relativ hoch ist (Göddecke-Stellmann 1994). Der Zusammenhang zwischen Ausländeranteil und Altersstrukturdifferenzen ist zwar signifikant positiv (vgl. Abbildung 6.17), daraus sollte aber nicht geschlossen werden, daß Ausländer größere Anteile an hohen Altersstufen haben als Inländer (Gefahr des ökologischen Fehlschlusses). Räumlich gesehen, ist auf zwei Auffälligkeiten bei den Ausländeranteilen hinzuweisen (vgl. Karte 18): Es besteht einerseits ein deutliches Gefälle zwischen kreisfreien Städten und Landkreisen und andererseits zwischen dem Norden und Süden Bayerns. Nur im Raum Nürnberg-Fürth-Erlangen und um Aschaffenburg sind im Norden die Ausländeranteile überdurchschnittlich hoch. Dies ist ein weiterer Beleg dafür, daß sich Ausländer in erster Linie in dichtbesiedelten modernen Wirtschaftsräumen niedergelassen haben.

Abbildung 6.17: Ausländeranteil 1992 in % und Altersstruktur

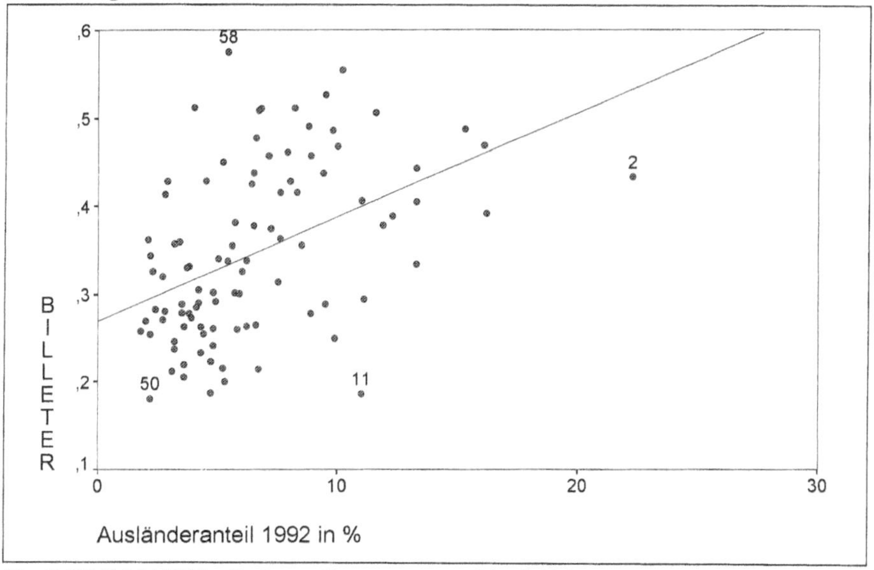

B = 0,2695+0,0118*Ausländeranteil $R^2 = 0,206$ p: <,001

Der Querschnittsvergleich konnte keine weiteren Aufschlüsse über Zusammenhänge von Ausländerpopulation und Altersstruktur erbringen. Eine weitere Möglichkeit liegt in dynamischer Perspektive, nämlich die Entwicklung der Zahl der Ausländer über einen bestimmten Zeitraum hinweg mit Altersstrukturdifferenzen zu korrelieren (vgl. Abbildung 6.18 und Karte 19). Hier zeigt sich tatsächlich ein völlig anderes Bild: Es besteht ein Zusammenhang in erwarteter Richtung zwischen der Entwicklung der Ausländerzahl im Zeitraum von 1980 bis 1992 und dem Altersaufbau der Kreisbevölkerungen. Der Zuwachs kann sich sowohl aus überdurchschnittlicher Zuwanderung von Ausländern im betrachteten Zeitraum als auch aus der leicht überdurchschnittlichen Geburtenhäufigkeit von Ausländern ergeben. Die Werte wurden logarithmiert, um die Beziehung zwischen den Variablen linear abbilden zu können.

Ein Blick auf Karte 19 zeigt offenkundig, daß die Zahl der Ausländer vor allem in den Gegenden überproportional zugenommen hat, in denen der Ausländeranteil gering ist. Eine langfristige Konsequenz könnte die allmähliche Angleichung der Ausländeranteile in den bayerischen Kreisen sein.

Abbildung 6.18: Entwicklung der Zahl der Ausländer von 1980 bis 1992 in % (logarithmiert) und Altersstruktur

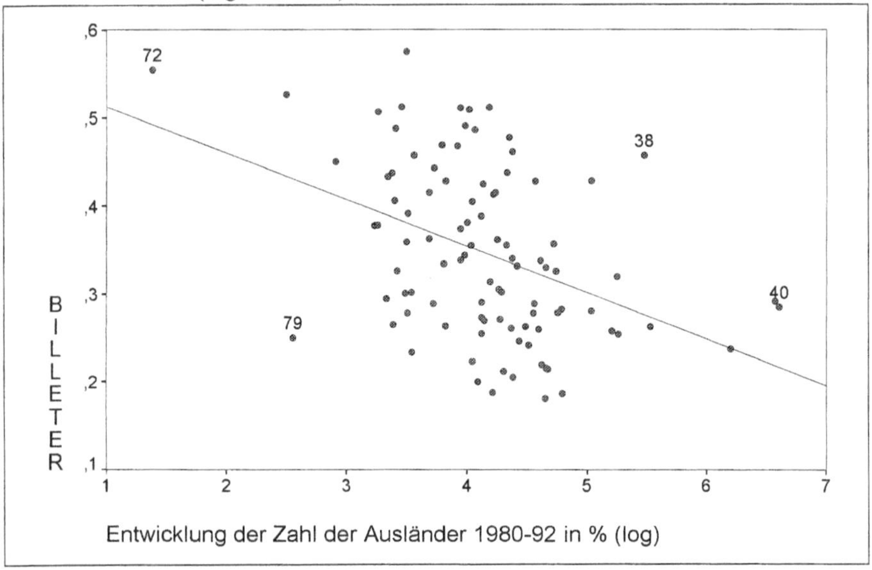

B = 0,5653-0,0528*Ausländerentwicklung $R^2 = 0,173$ p: <.001

Zusammenfassung

Die Analyse siedlungsstruktureller Faktoren hat ergeben, daß in erster Linie die Einwohnerdichte mit Altersstrukturdifferenzen zusammenhängt. Desgleichen spielt der Anteil der über 75-jährigen Frauen in dieser Altersstufe als indirektes Sterblichkeitsmaß eine beachtliche Rolle. Die Klassifikation von Kreisen nach bestimmten siedlungsstrukturellen Typen erwies sich als nicht zweckmäßig. Was den Ausländeranteil und die Entwicklung der Ausländerzahlen anlangt, sollte der Längsschnittbetrachtung eine höhere Aufmerksamkeit zugewiesen werden. Eng verbunden mit der Siedlungsstruktur sind infrastrukturelle Merkmale eines Raumes. Im nächsten Abschnitt steht jene Infrastruktur im Blickpunkt, die altersspezifisch selektiv auf Zuwanderungen wirken kann.

6.1.3 Infrastrukturelle Einflußfaktoren

Theoretisch relevant im Bereich der Infrastruktur erscheinen Bildungseinrichtungen wie Schulen und Hochschulen (Wanderungsverhalten junger Menschen) sowie Institutionen der Altenhilfe als Anziehungspunkt für den (oft unfreiwilligen) Zuzug Hochbetagter.

6.1.3.1 Bildungseinrichtungen

Hochschulen

Die Analyse des Wanderungssaldos der 18- bis 24-Jährigen ergab bereits einen Hinweis darauf, daß von der Zuwanderung junger Menschen vor allem Städte profitieren. Hochschulen sind ein positiver Standortfaktor, der junge Menschen in die Städte ziehen läßt. Tabelle 6.4 enthält einen Mittelwertvergleich des Billeter-Maßes nach der dichotomen Variablen 'Hochschulstandort'.[29] Der Vergleich zeigt, daß die 15 Kreise mit Hochschulen trotzdem signifikant 'älter' sind als Kreise ohne Hochschulen. Die Wanderungsanalyse hatte darauf hingewiesen, daß viele junge Menschen nach Ende ihrer Ausbildung wieder abwandern. Städte mit Hochschulen profitieren also nicht dauerhaft von ihrer Bildungsinfrastruktur.

Tabelle 6.4: Mittelwertvergleich des Billeter-Maßes nach Hochschulstandort

Hochschule ja/nein	Mittelwert	Anzahl der Kreise
kein Hochschulstandort	0,329	81
Hochschulstandort	0,444	15

p: <.001

Gymnasien

Ein ähnlicher Befund ergibt die Analyse im Bereich der höheren Schulbildung. In den Städten und vor allem in den kreisfreien Städten konzentriert sich die Bildungsinfrastruktur (vgl. Karte 21). Besucher höherer Schulen, die in ländlichen Räumen wohnen, sind gezwungen, teilweise erhebliche Pendelstrecken zu bewältigen. Manche Landkreise, wie z.B. Bamberg, verfügen über kein einziges Gymnasium auf ihrem Gebiet. Insofern verwundert es nicht, daß dieser Indikator ungeeignet ist, Altersstrukturunterschiede zwischen Kreisen zu erklären (vgl. Abbildung 6.19). Der Besuch höherer Schulen vollzieht sich in erheblichem Umfang über Kreisgrenzen hinweg und überlagert die angenommene Kausalität zwischen Bildungsinfrastruktur und Anwesenheit junger Bevölkerungsschichten.

---

[29] Hochschulstandort sind hier alle Kreise, in denen im Jahr 1992 eine Universität oder Fachhochschule angesiedelt war. Die neu gegründeten Fachhochschulen (z.B. die in Hof oder Deggendorf) sind noch nicht enthalten, weil sie erst in der Aufbauphase sind und die Zahl der Studierenden deshalb noch relativ niedrig ist (vgl. zur Illustration Karte 20).

Abbildung 6.19: Anzahl an Gymnasien je 10.000 15- bis 20-Jährige 1991 und Altersstruktur

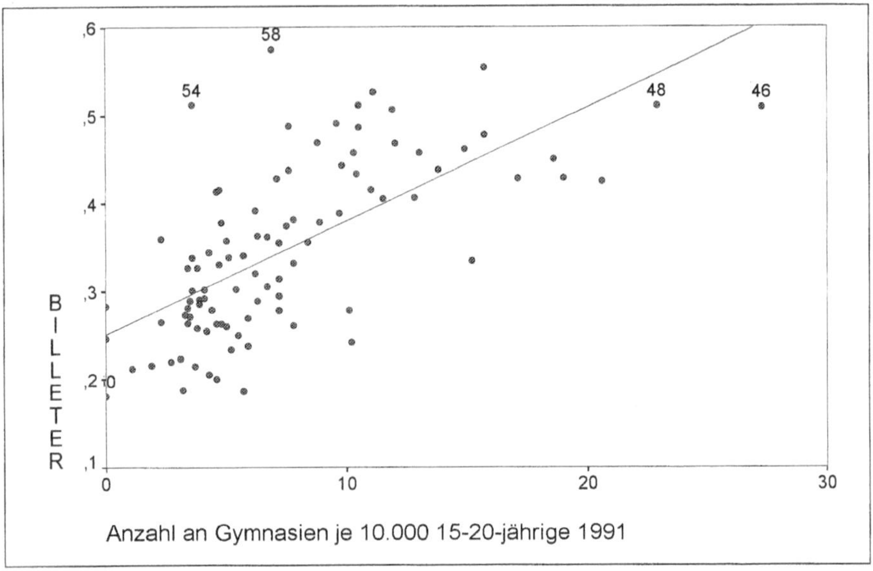

B = 0,2506+0,0129*Gymnasien $R^2 = 0{,}444$ p: <.001

6.1.3.2 Institutionen der Altenhilfe

Als weiterer relevanter Infrastruktur-Indikator rücken immer mehr die Institutionen der Altenhilfe ins Blickfeld, weil die stationäre Betreuung Pflegebedürftiger im Zuge sich verringernder Familiengrößen immer bedeutsamer wird (Heigl et al. 1994). Der Grad der Unterbringung alter Menschen in Alters- oder Pflegeheimen determiniert deren räumliche Segregation, die ihrerseits soziale Konsequenzen für das Umfeld der Heime wie auch für die Insassen selbst haben kann (Vaskovics 1990). Die altersspezifischen Pflegequoten in Heimen steigen mit zunehmendem Alter an, wobei die über 85-jährigen Frauen den weitaus größten Anteil der Heimbewohner stellen (Heigl et al. 1995: 228). Pflegebedürftigkeit ist oft mit einem unfreiwilligen Wohnortwechsel verbunden, wenn eine stationäre Unterbringung notwendig ist. Daraus läßt sich die Hypothese erhärten, daß ein Zusammenhang zwischen der Zahl der Personen in Heimen der Altenhilfe und der Altersstruktur bestehen müßte.

Abbildung 6.20 belegt diese Hypothese eindeutig (R^2 = 49,9%). Die Ansiedlung von Pflege-Infrastruktur in verdichteten Räumen trägt zu einem Altersaufbau mit einem höheren Anteil alter Menschen bei. Karte 22 zeigt, daß dies vor allem für kleinere kreisfreie Städte zutrifft, die Pflegebedürftige aus dem jeweiligen Umland anziehen. Räumlich konzentriert sich die stationäre Altenhilfe in den landschaftlich attraktiven Gegenden Südbayerns und im Großraum Nürnberg.

Abbildung 6.20: Personen in Heimen der Altenhilfe je 1000 Einwohner 1993 und Altersstruktur

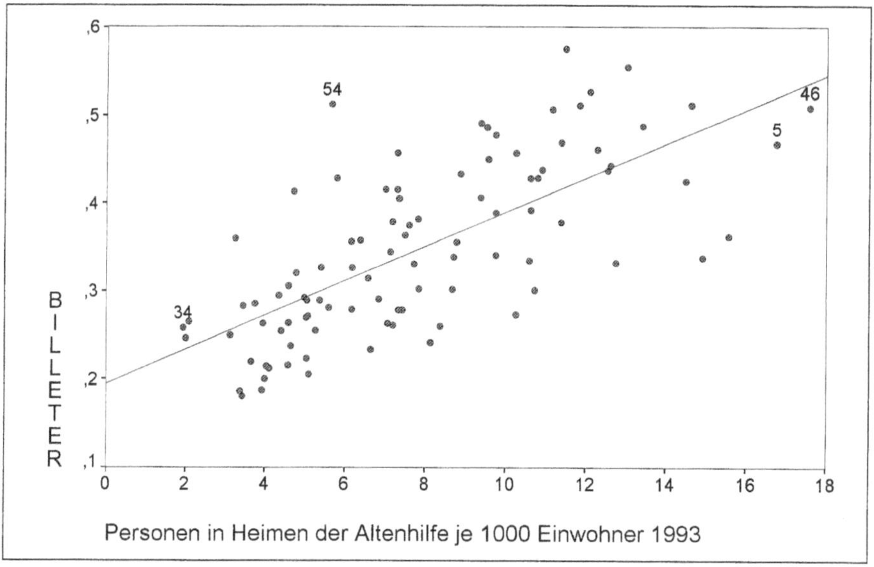

B = 0,1944+0,0195*Heimant $R^2 = 0,706$ p: <.001

6.1.4 Wohnortattraktivität

Die Ausführungen zu interregionaler Migration haben darauf aufmerksam gemacht, daß die Wohnortattraktivität ein zu beachtender Faktor ist, Wandernde anzieht oder der bestimmte Bevölkerungsgruppen dazu veranlaßt, ihren Wohnsitz zu verlassen. Die Attraktivität des Wohnumfelds wurde direkt, mit dem Kulturangebot und der verfügbaren Erholungsfläche, sowie mit einem indirekten Meßkonzept, der Anzahl der fertiggestellten Wohnungen, operationalisiert.

6.1.4.1 Kulturangebot

Ein gängiger Indikator für das vorhandene Kulturangebot ist die Anzahl der Plätze in Theatern und Lichtspielhäusern, bezogen auf die Bevölkerungsgröße. Es ist nicht klar, inwieweit der Kulturbereich mit diesem Indikator erfaßt wird. Er sagt zudem nichts über den Auslastungsgrad des Kulturangebots aus. Insofern ist die Interpretierbarkeit deutlich eingeschränkt. Abbildung 6.21 läßt auf denselben Effekt wie bei der Bildungsinfrastruktur schließen. Das kulturelle Leben spielt sich vornehmlich in großen Städten ab (vgl. Karte 23). Wer außerhalb der Städte wohnt und das Kulturangebot nutzen will, muß längere Anfahrtswege in Kauf nehmen. Auf jeden Fall scheint kulturelle Infrastruktur nicht attraktiv genug für junge Familien zu sein, um in urbanen Zonen zu wohnen. Kulturelle Einrichtungen sind zudem nur selten auf die Bedürfnisse von Kindern zugeschnitten.

Abbildung 6.21: Plätze in Theatern und Kinos je 10.000 Einwohner 1993 (logarithmiert) und Altersstruktur

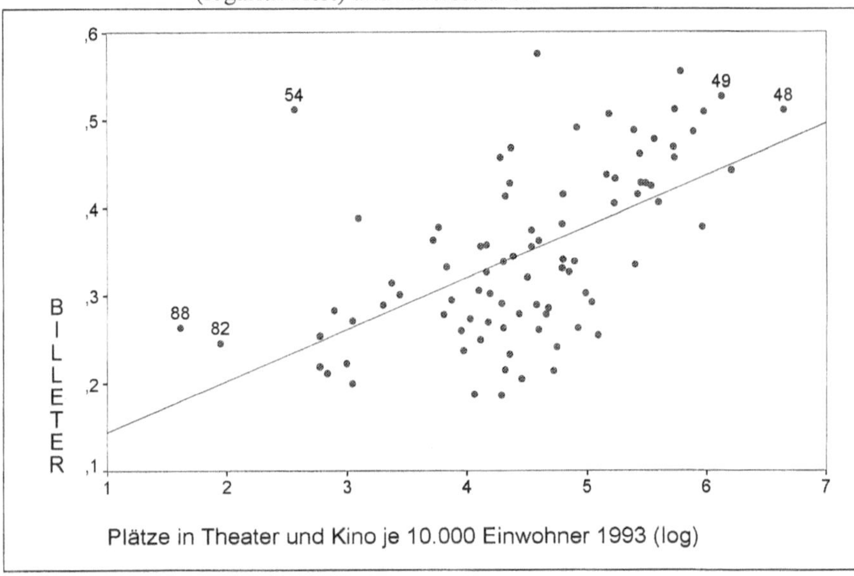

B = 0,0854+0,0586*Kultur $R^2 = 0,338$ p: <.001

6.1.4.2 Erholungsflächen

Die Erholungsfläche je Einwohner ist ein Indikator für die Qualität und Vielfalt der individuellen Freizeitgestaltung. Sie darf nicht mit nutzbaren Freiflächen (Wälder, Felder und Wiesen) verwechselt werden, sondern bezieht sich auf Erholungsinfrastruktur wie Park- und Sportanlagen, Kinderspielplätze und zoologische Gärten. Offensichtlich besteht keinerlei Zusammenhang zwischen diesem Attraktivitätsindikator und der Altersstruktur (vgl. Abbildung 6.22). Auch in räumlicher Perspektive sind keine klaren Strukturen zu erkennen (vgl. Karte 24).

Abbildung 6.22: Erholungsfläche je Einwohner 199 in km² und Altersstruktur

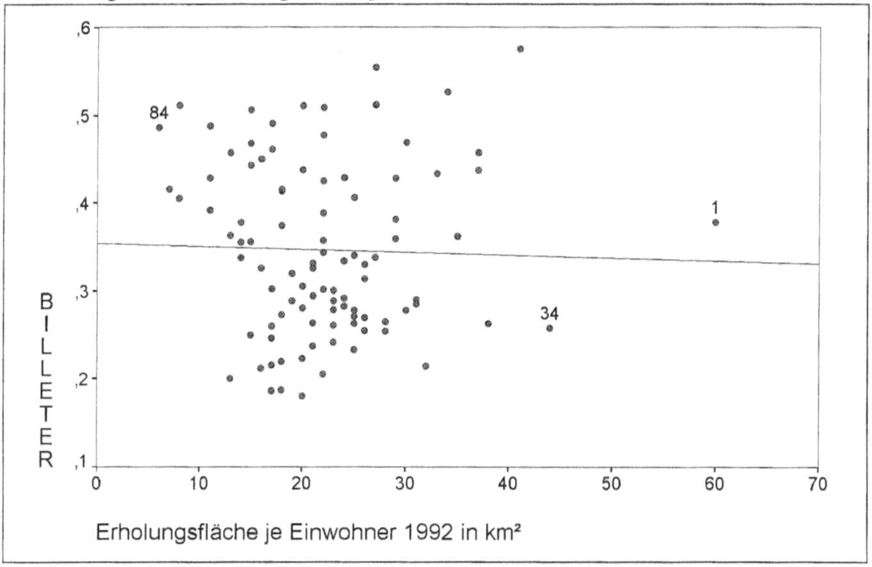

B = 0,3536-0,0003*Erholung $R^2 = 0{,}001$ p: n.s.

6.1.4.3 Wohnungsbau

Die Attraktivität eines Raumes läßt sich vermutlich nur indirekt an der Zahl der jährlich fertiggestellten Wohnungen messen, weil dahinter konkretes Handeln als Reaktion auf Wohnumfeldbedingungen steht. Der Nachteil dieses Indikators ist, daß die Faktoren nicht mehr deutlich werden, die zu Wohnungsbautätigkeit führen. Abbildung 6.23 zeigt einen deutlichen Zusammenhang zwischen der auf den Bestand bezogenen Zahl der fertiggestellten Wohnungen und den Altersstrukturdifferenzen. Wohnungen werden vor allem dort gebaut, wo entsprechende Flächen zu einem annehmbaren Preis verfügbar sind und ein Bedarf aufgrund positiver Wanderungssalden besteht. Karte 25 belegt diese Erkenntnis: Der Wohnungsbau ist stark unterdurchschnittlich in den meisten kreisfreien Städten und in peripheren Räumen im Norden und Osten Bayerns. Daraus läßt sich schließen, daß ebenfalls eine hohe Korrelation zwischen Wohnungsbau und Bevölkerungswachstum besteht, ersterer sogar letzteres voraussetzt (Goller 1997). Bauland neu auszuweisen und bezahlbaren Wohnraum zu fördern, sind wohl zwei konkrete Maßnahmen, die Städte und Gemeinden vor alternder Bevölkerung bewahren können.

Abbildung 6.23: Fertiggestellte Wohnungen je 1000 des Bestandes 1992 und Altersstruktur

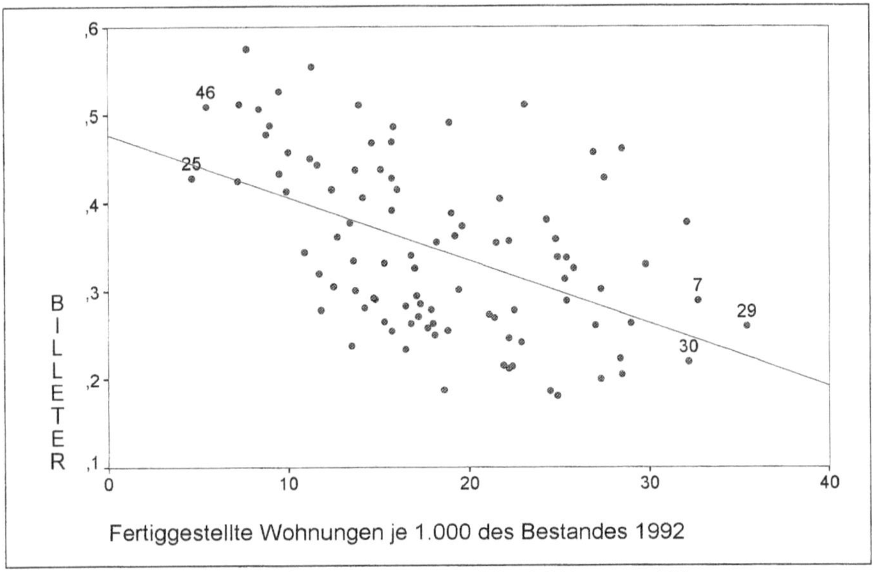

B = 0,4770-0,0071*Wohnungsbau $R^2 = 0,245$ p: <.001

6.1.5 Ökonomische Einflußfaktoren

Die wirtschaftliche Entwicklung und die Situation auf dem Arbeitsmarkt beeinflussen die Bevölkerungsentwicklung über Wanderungen, vor allem der Personen im erwerbsfähigen Alter, sowie über generatives Verhalten, das sich wirtschaftlichen Rahmenbedingungen anpaßt (Easterlin 1968). Die Wirkungsweise ökonomischer Faktoren gilt es in den nächsten Abschnitten zu untersuchen.

6.1.5.1 Wirtschaftssektoren

Üblicherweise werden wirtschaftliche Aktivitäten statistisch nach den drei Hauptwirtschaftssektoren klassifiziert:

- Primärer Sektor: Land- und Forstwirtschaft, Tierhaltung, Fischerei
- Sekundärer Sektor: Energie- und Wasserversorgung, Bergbau, Verarbeitendes Gewerbe und Baugewerbe
- Tertiärer Sektor: Handel, Verkehr, Nachrichtenübermittlung, Banken und Versicherungen

Problematisch bei dieser Einteilung ist der heterogene tertiäre Sektor, in dem sich die gesamte Lohn- und Prestigeskala von Dienstleistungsberufen wiederfindet. Zudem sind Tätigkeiten mit dem sekundären und tertiären Sektor vermischt, was eine eindeutige Zuordnung erschwert (v.a. bei produktionsbezogenen Dienstleistungen). Trotzdem erscheint der Versuch gerechtfertigt, mit diesem Instrument die ökonomische Entwicklung und die Bevölkerungsstruktur zu verknüpfen. In den Daten sind jeweils die sozialversicherungspflichtig Beschäftigten (Arbeiter, Angestellte, Auszubildende) in den einzelnen Sektoren vorhanden. Beamte, Selbständige, mithelfende Familienangehörige und geringfügig Beschäftigte werden nicht berücksichtigt. Die Zahl der sozialversicherungspflichtig Beschäftigten kann als Maß der dem Arbeitsmarkt zur Verfügung stehenden Arbeitsplätze interpretiert werden. An dieser Stelle muß darauf hingewiesen werden, daß die drei Sektoren nicht unabhängig voneinander gesehen werden können, weil die Summe ihrer Anteile immer 1 ergibt.

Primärer Sektor

Die Wirtschaftssektoren sollen im Hinblick auf ihre Dynamik analysiert werden. Sie wird operationalisiert mit der Entwicklung der Zahl der Beschäftigten im jeweiligen Sektor im Zeitraum zwischen 1980 und 1993. Die oftmals gehörte These, der primäre Sektor würde immer unbedeutender, kann aus Abbildung 6.24 nicht bestätigt werden. In ungefähr der Hälfte der Kreise ist die Zahl der Beschäftigten sogar angewachsen. Es zeigt sich ein schwach signifikanter Zusammenhang zwischen dem Wachstum des primären Sektors und der Alterszusammensetzung. Es könnte sein, daß die Beschäftigten im landwirtschaftlichen Gewerbe älter sind als die in anderen Wirtschaftsbereichen. Besonders für junge Menschen verspricht der Beruf Landwirt keinen besonderen Prestigegewinn mehr; sie suchen sich Alternativen zum bäuerlichen Leben. Karte 26 zeigt diese Entwicklung für die peripheren Räume Niederbayerns, der Oberpfalz und Oberfrankens.

Sekundärer Sektor

Auch im sekundären Sektor gleicht sich die Zahl der Kreise mit steigender und schrumpfender Beschäftigtenzahl aus (vgl. Abbildung 6.25). Der industrielle Sektor hat insgesamt im betrachteten Zeitraum nur in wenigen Kreisen auffällig hinzu gewonnen (z. B. LK Landshut). Es zeigt sich ein positiver Zusammenhang zwischen der Dynamik in diesem Wirtschaftsbereich und Altersstrukturen mit hohen Jugendanteilen. In Karte 27 erkennt man, daß die meisten kreisfreien Städte und der Großteil Oberfrankens Einbußen im produzierenden Gewerbe hinnehmen mußten. Die Landkreise in den Verdichtungsräumen hatten dagegen die größten Zuwächse. Dies deckt sich mit der Theorie städtischen Wachstums, wonach dieser Wirtschaftsbereich immer mehr aus den Städten hinausgedrückt wird (vgl. Abschnitt 3.2).

Abbildung 6.24: Entwicklung der sozialversicherungspflichtig Beschäftigten im primären Sektor 1980 bis 1993 in % und Altersstruktur

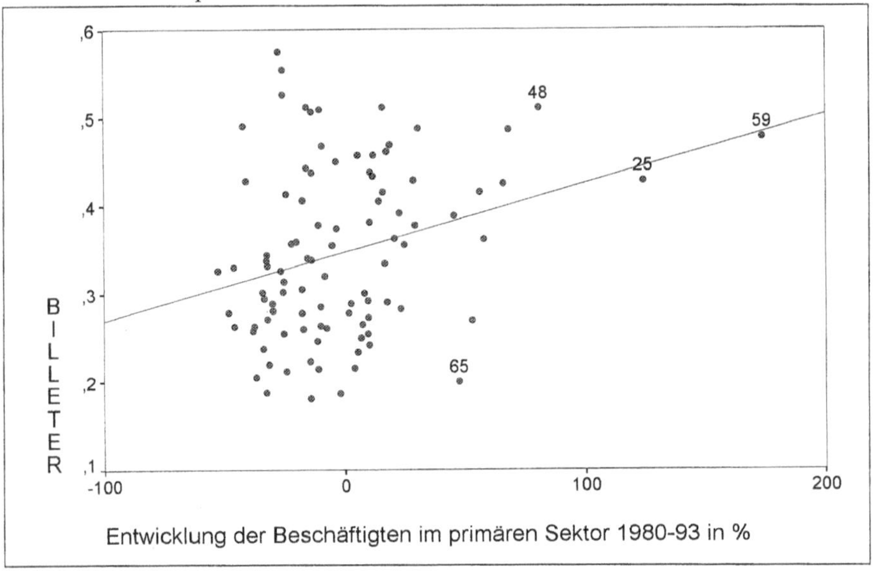

B = 0,3475+0,0008*Primärer Sektor $R^2 = 0{,}082$ p: <.01

Tertiärer Sektor

Der tertiäre Sektor hat die größte Wachstumsdynamik hinter sich. Die Bilanz ist in allen untersuchten Kreisen positiv (vgl. Abbildung 6.26). Die Veränderungsraten sind im Vergleich zu den anderen beiden Sektoren deutlich höher. Es zeigt sich ein hoch signifikanter Zusammenhang zwischen den beiden Variablen (R^2=46,8%). Tertiarisierung ist ein Indikator für eine moderne, attraktive Wirtschaftsstruktur und deshalb attraktiv für junge, hochqualifizierte und flexible Erwerbstätige. Besonders profitiert haben davon die suburbanen Zonen, wogegen die Kernstädte und die peripheren Räume in Ostbayern und im Voralpenland geringere Zuwächse verzeichneten (vgl. Karte 28). Aufgrund der angedeuteten Unzuverlässigkeit dieses Indikators sollte dieses Ergebnis allerdings nicht überbewertet werden.

Abbildung 6.25: Entwicklung der sozialversicherungspflichtig Beschäftigten im sekundären Sektor1980 bis 1993 in % und Altersstruktur

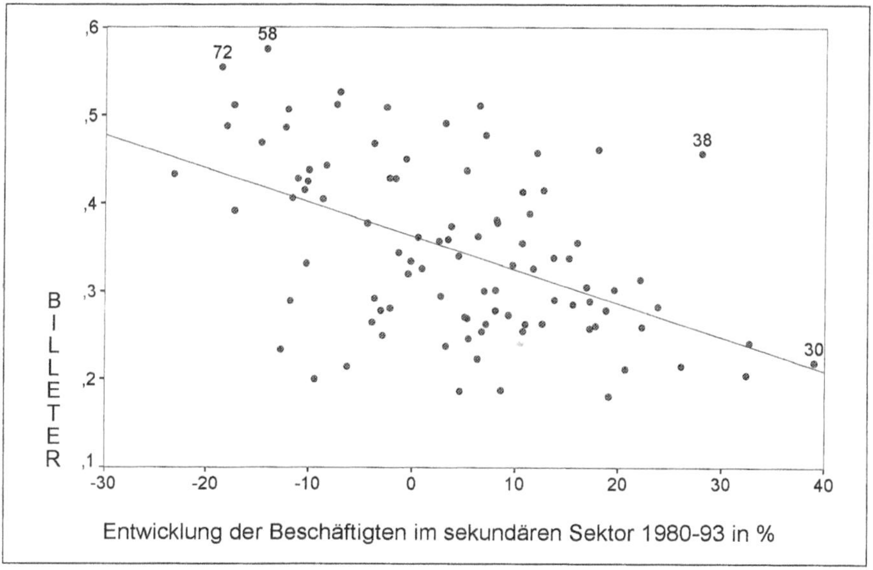

B = 0,3628-0,0038*Sekundärer Sektor $R^2 = 0,248$ p: <.001

6.1.5.2 Lohnniveau

Das Lohn- und Gehaltsniveau wird gemessen an der durchschnittlichen Lohn- und Gehaltssumme pro Industriebeschäftigten in Betrieben des Bergbaus und verarbeitenden Gewerbes mit mehr als 20 Beschäftigten. Interpretiert man das Lohniveau als Ausdruck der Produktivität, weist dieser Indikator auf qualitative Arbeitsplatzdisparitäten hin. Er kann ebenso als Attraktivitätsindikator für Arbeitssuchende und interregional mobile Menschen interpretiert werden. Die bivariate Analyse zeigt allerdings keinen signifikanten Zusammenhang (vgl. Abbildung 6.27). Die durchschnittliche Lohn- und Gehaltssumme zeigt Differenzen um bis zu 100%. Regionale Lohnunterschiede führen wohl nicht zwangsläufig zum Wohnortswechsel und damit zu einer Verjüngung, Disparitäten werden zum großen Teil durch längere Pendelstrecken zum Arbeitsplatz ausgeglichen und gegen höhere Lebenshaltungskosten in den hochproduktiven Räumen aufgerechnet[30] (Kalter 1994). Karte 29 deutet auf ein offenkundiges Süd-Nord-Gefälle hin. Nur der Großraum Nürnberg erzielt ähnlich überdurchschnittliche Werte wie Ober-

[30] Als gutes Beispiel kann hier der Buspendel-Service von BMW aus dem Bayerischen Wald zu den Werken in Dingolfing und Regensburg herangezogen werden.

bayern, Schwaben und der Raum Regensburg. Oberfranken und die nördliche Oberpfalz hinken deutlich in der Lohnentwicklung hinterher.

Abbildung 6.26: Entwicklung der sozialversicherungspflichtig Beschäftigten im tertiären Sektor 1980 bis 1993 in % und Altersstruktur

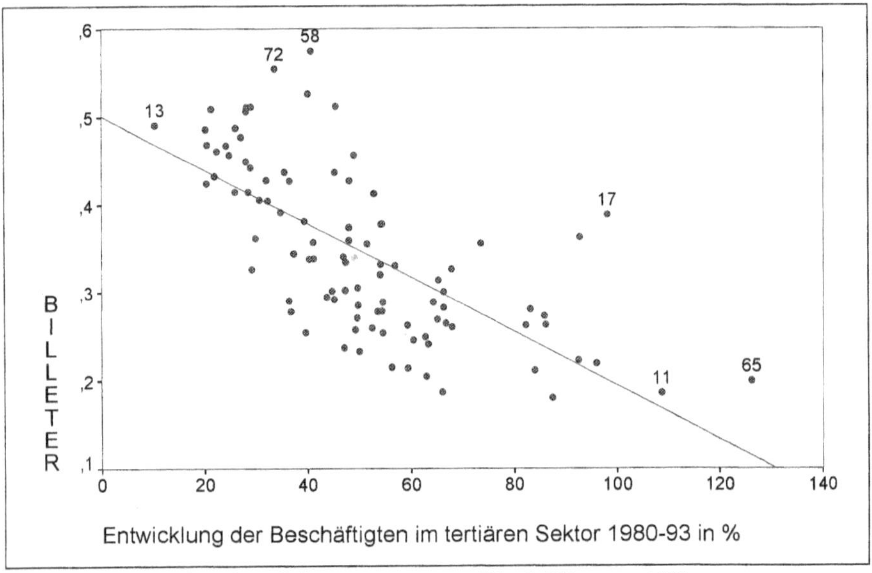

B = 0,5010-0,0031*Tertiärer Sektor $R^2 = 0{,}468$ p: <.001

6.1.5.3 Steuereinnahmekraft

Im Gegensatz zur durchschnittlichen Lohnsumme pro Industriebeschäftigten werden bei der Steuereinnahmekraft alle Steuerpflichtigen berücksichtigt. Deshalb ist sie wohl besser als 'regionaler Wohlstandsindikator' zu interpretieren. Verzerrungen ergeben sich dadurch, daß das Steueraufkommen auf die Einwohnerzahl und nicht auf die Zahl der Erwerbspersonen bezogen wird. Das Ergebnis in Abbildung 6.28 läßt zwei unterschiedliche Interpretationen zu:

1. Der positive Zusammenhang zwischen Steuereinnahmekraft und Altersstruktur könnte die obige These stützen, wonach Pendeln zum Arbeitsplatz ökonomische Strukturunterschiede ausgleicht.
2. Da ältere Erwerbstätige im Vergleich zu jüngeren in der Regel ein höheres Einkommen haben (Stichwort Alters- und Familienzuschläge), könnten die Differenzen direkt aus der Altersstruktur der Erwerbstätigen erklärt werden. Ursache und Wirkung könnten also möglicherweise nicht mehr klar unterscheidbar sein.

Die Steuereinnahmekraft zeigt ähnliche Ergebnisse wie das Lohnniveau (vgl. Karte 30). Der Gegensatz zwischen Stadt und Land tritt noch deutlicher hervor. Das nördliche Oberfranken schneidet aber positiver ab. Trotzdem scheint das ehemalige Zonenrandgebiet nach wie vor die ökonomische Problemregion in Bayern zu sein.

Abbildung 6.27: Monatliche Lohn- und Gehaltssumme (brutto) je Industriebeschäftigten 1993 und Altersstruktur

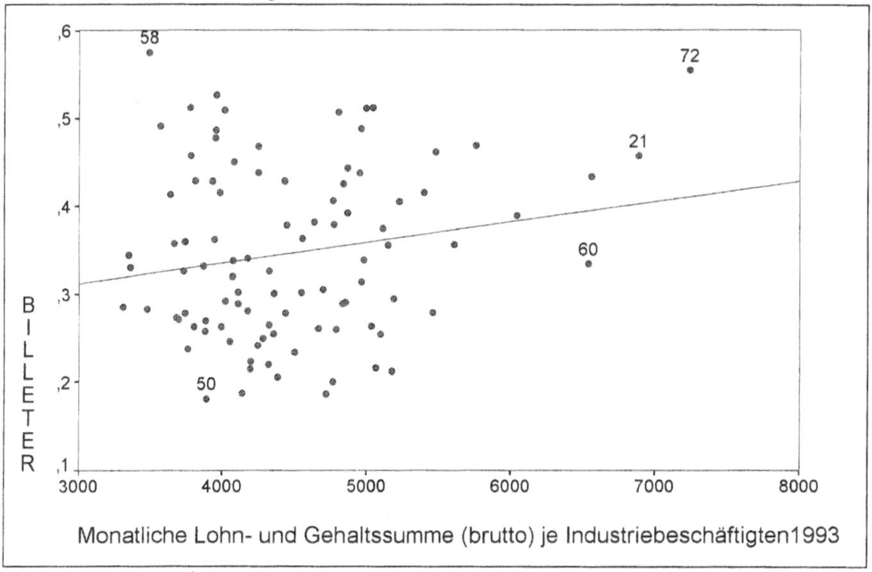

B = 0,2425+0,2*10^{-4}*Lohnniveau $R^2 = 0,033$ p: n.s.

6.1.5.4 Arbeitslosigkeit

Schließlich soll die Arbeitslosenquote als Indikator für ökonomische Attraktivität einer Region analysiert werden. Dahinter steckt die These, daß der Wohnortswechsel in ein Gebiet mit niedrigerer Arbeitslosenquote für jüngere Erwerbspersonen als Ausweg aus der Arbeitslosigkeit gewählt wird. Können das Lohnniveau und die Steuereinnahmekraft als Pull-Faktoren der Wanderungsmotivation interpretiert werden, so ist Arbeitslosigkeit eindeutig ein Push-Faktor (vgl. Lee 1966). Zwar hat sich die regionale Verteilung der Arbeitslosenquoten in den letzten Jahrzehnten zugunsten der ehemaligen Zonenrandgebiete und strukturschwachen Regionen verändert, nach wie vor weisen sie allerdings die höheren Arbeitslosenquoten auf (vgl. Karte 31). Das Ergebnis der bivariaten Analyse stützt die oben formulierte These; vor allem jüngere mobile Arbeitslose zeigen Bereitschaft, einen Wohnortswechsel aus den benachteiligten Regionen vorzunehmen (vgl. dazu auch Karten 11 bis 13).

Abbildung 6.28: Steuereinnahmekraft je Einwohner in DM 1993 und Altersstruktur

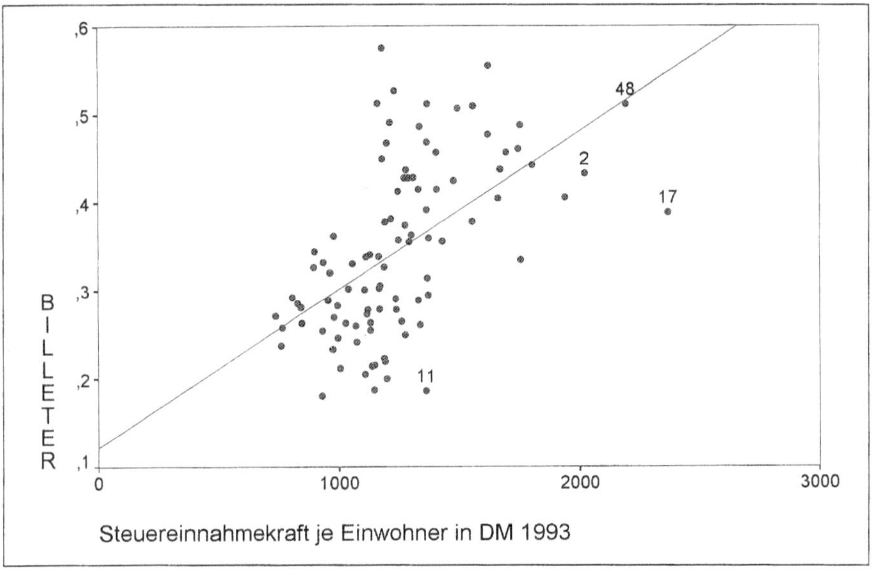

$B = 0{,}1215 + 0{,}2 * 10^{-4} * Steuer$ $R^2 = 0{,}308$ $p: < .001$

Kurzbilanz der bivariaten Analyse

Die bivariate Analyse ergab eine Vielzahl von interessanten Einzelergebnissen sowie oftmals hoch signifikante Zusammenhänge. Teilweise zeigen Korrelationen in eine andere Richtung, als erwartet werden könnte. Diese Beziehungen werden offensichtlich von Drittvariablen – sogenannten Störvariablen – überlagert, wodurch ökologische Fehlschlüsse heraufbeschworen werden. Die unabhängig voneinander untersuchten Determinanten regionaler Altersstrukturdifferenzen weisen untereinander Kollinearitäten auf, die in multivariaten Erklärungsmodellen herausgefiltert werden können.

Abbildung 6.29: Arbeitslosenquote 1993 und Altersstruktur

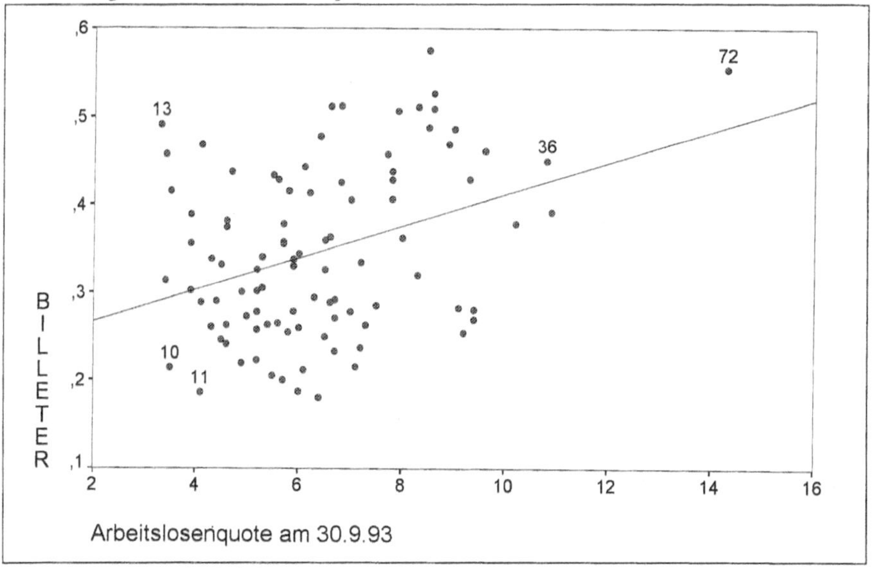

B = 0,2310+0,0181*Arbeitslosenquote $R^2 = 0{,}131$ p: <.001

6.2 Multivariate Analyse

In diesem Abschnitt soll ein multivariates Modell entwickelt werden, das diese Filterfunktion leistet. Zunächst wird in demographische und außerdemographische Faktoren unterteilt, danach werden diese in ein Gesamtmodell integriert.

6.2.1 Demographische Einflußfaktoren (in Kombination)

Da Altersstrukturen zu einem bestimmten Zeitpunkt das Ergebnis vorausgegangener Geburten, Sterbefälle und Wanderungen sind, sollen in einem ersten multivariaten Regressionsmodell die Wirkung dieser demographischen Vorgänge in ihrer Kombination getestet werden. Unabhängige Variablen sind die Fruchtbarkeitsziffer, die Sterbeziffer der über 75-Jährigen sowie die altersspezifischen Binnenwanderungssalden. Außenwanderungen werden nicht in die Gleichung aufgenommen, da sie bereits auf bivariater Ebene nicht signifikant mit dem Billeter-Maß korrelierten. Da auch die demographischen Faktoren nicht unabhängig voneinander wirken, wurden sie mit der Methode des schrittweisen Einschlusses in die Regressionsgleichung geschätzt. Bei jedem Regressionsschritt werden die unabhängigen Variablen auf Aufnahme gemäß dem 95%-Signifikanzniveau geprüft. Dieser Prozeß wird solange fortgesetzt, bis keine Variable mehr signifikant zur Erklärung der Varianz beitragen kann (Brosius 1995: 500).

Aus Tabelle 6.5 ist das Ergebnis dieser Schätzfunktion zu entnehmen. Insgesamt erreichen drei unabhängige Variablen das geforderte Signifikanzniveau. Es sind jeweils die standardisierten Regressionskoeffizienten (beta-Werte) und deren Signifikanz-Werte angegeben. Als die wichtigste Determinante stellt sich die Geburtenhäufigkeit heraus: Je niedriger das Geburtenniveau, desto höher der Wert des Billeter-Maßes. Im Vergleich zu altersspezifischen Wanderungen trägt es erheblich mehr zur Erklärung der Altersstrukturdifferenzen bei. Bei den Wanderungssalden haben die 25- bis 29-Jährigen und die 50- bis 64-Jährigen das größte Gewicht. Auch bei diesen Variablen geht der Zusammenhang in die zu erwartende Richtung. Nachdem sie ihre Ausbildungsphase abgeschlossen haben und eine feste Berufsposition einnehmen, sind 25- bis 29-Jährige horizontal mobil und tragen zu einer Verjüngung in den Zuwanderungsgebieten bei. Da in der Altersgruppe der 50- bis 64-Jährigen sowohl immobile ältere als auch mobile, vorzeitig in den Ruhestand gegangene Erwerbstätige, sowie jüngere Ehefrauen von älteren Rentnern zu finden sind, wirkt ihr Wanderungsverhalten nur schwach signifikant. Sie tragen allerdings zur Alterung in den Zuwanderungsgebieten bei. Die Gruppe der über 65-Jährigen ist wohl zu heterogen besetzt (mobile Alte und hochbetagte Pflegebedürftige), um sich signifikant in eine bestimmte Richtung auszuwirken. Insgesamt kann mit diesen drei Variablen immerhin fast 50% der Varianz erklärt werden.

Tabelle 6.5: Demographische Determinanten regionaler Altersstrukturdifferenzen (schrittweise Regression)

unabhängige Variable	beta-Koeffizient	Signifikanz
Fruchtbarkeitsziffer	-,567	,000
Wanderungssaldo Alter 50 bis64	,190	,020
Wanderungssaldo Alter 25 bis 29	-,254	,004
Konstante	,8835	
R^2	0,465	

6.2.2 Außerdemographische Einflußfaktoren

Im zweiten Regressionsmodell werden alle außerdemographischen Variablen auf ihre direkte Wirkung hin geprüft, unabhängig von den demographischen Vorgängen. Die Vorgehensweise gleicht derjenigen bei den demographischen Variablen.

Insgesamt erweisen sich fünf unabhängige Variablen als signifikant, wobei alle Korrelationen die zu erwartende Richtung haben. Die Steuereinnahmekraft scheint tatsächlich eher ein Indikator für das Alter der Erwerbstätigen als ein Attraktivitätsfaktor zu sein. Diese Funktion erfüllt hingegen der Indikator, der das Wachstum der Beschäftigtenzahl im tertiären Sektor mißt. Dort, wo dieser Wirtschaftsbereich am stärksten gewachsen ist, wohnt eine verhältnismäßig junge Bevölkerung (Pull-Faktor). Push-Faktor ist dagegen Arbeitslosigkeit, die junge Erwerbstätige dazu bewegt, aus strukturschwachen Räumen abzuwandern. Zudem könnte ein Zusammenhang zwischen Arbeitslosigkeit (unsichere ökonomische Basis) und Geburtenhäufigkeit hergestellt werden. Hoch signifikant wirkt erwartungsgemäß der Anteil der in Heimen der Altenpflege untergebrachten Menschen. Die Institutionalisierung des Pflegebetriebs wird zu Auslastungswettläufen und Pflegetourismus zwischen den Kreisen führen, die sich auf die regionale Altersstruktur erheblich auswirken können (siehe besonders am Beispiel Stadt- und Landkreis Bamberg). Schließlich erweist sich auch der Wohnungsbau als wichtige Determinante. Neuer Wohnraum wird in erster Linie von jüngeren Menschen nachgefragt. Der Anteil von Personen mit Wohneigentum ist bei älteren Menschen weit höher, und Anlässe zum Wohnungswechsel fehlen weitgehend.

Alle anderen in die Analyse einbezogenen Variablen haben keine zusätzlich signifikante Wirkung: Ausländeranteil, Entwicklung des Ausländeranteils, Lohnniveau, Bildungsinfrastruktur (höhere Schulen und Universitäten), kulturelle Einrichtungen sowie verfügbare Erholungsflächen. Bei den Wirtschaftssektoren wurde nur der tertiäre Sektor in das Modell aufgenommen, weil ihm aufgrund der bivariaten Analyse die größte theoretische und statistische Relevanz zukommt.

Tabelle 6.6: Außerdemographische Determinanten regionaler Altersstrukturdifferenzen (schrittweise Regression)

unabhängige Variable	beta-Koeffizient	Signifikanz
Steuereinnahmekraft	,301	,000
Tertiärer Sektor 1980-93	-,308	,000
Arbeitslosenquote	,128	,042
Anteil Personen in Altenhilfe	,308	,000
Wohnungsbau	-,181	,007
Konstante	,2308	
R^2	0,724	

6.2.3 Das Gesamtmodell zur Erklärung regionaler Altersstrukturdifferenzen

Bis jetzt wurde die Frage noch nicht geklärt, inwieweit außerdemographische Determinanten Altersstrukturdifferenzen direkt oder lediglich indirekt über demographische Vorgänge beeinflussen. Die direkte Analyse erschien zunächst lohnenswert, weil sie auf sich verändernde Strukturen hinweisen kann, die mit aktuellen demographischen Vorgängen nicht mehr erfaßt werden können. Insofern ist sie als sinnvolle Ergänzung zum Gesamtmodell zu betrachten, das die Ursachenstruktur in einer logischen Abfolge der Determinanten abbildet. Das zu prüfende Kausalmodell folgt der Logik, daß außerdemographische Determinanten nicht direkt, sondern indirekt über demographische Vorgänge auf die altersspezifische Zusammensetzung der Kreisbevölkerungen wirken (vgl. Abbildung 6.30). Das rekursive Pfadmodell läßt sich anhand einer Kombination von Regressionsgleichungen schätzen. Diejenigen demographischen Variablen, die signifikant auf das Billeter-Maß wirken, werden in einem zweiten Analyseschritt durch außerdemographische Variablen geschätzt.

Im rechten Teil der Abbildung 6.31 wiederholt sich das Ergebnis aus Tabelle 6.5, dieser muß daher nicht weiter interpretiert werden. Die außerdemographischen Determinanten weichen in ihrer Wirkung auf die drei demographischen Variablen im Vergleich zum direkten Modell ab. Immerhin 4 von 6 signifikanten Kausalbeziehungen waren bereits im direkten Schätzmodell enthalten: Wohungsbau, Arbeitslosenquote, Tertiärer Sektor und Steuereinnahmekraft. Zusätzlich erweisen sich noch die Einwohnerdichte und der Hochschulstandort als beachtenswert. Die Fruchtbarkeitsziffer wird überwiegend durch die Einwohnerdichte eines Kreises determiniert. Der auf bivariater Ebene festgestellte Zusammenhang zwischen Einwohnerdichte und Altersstruktur erklärt sich also über das Geburtenniveau, die von L. Wirth formulierten Hypothesen zur menschlichen Reproduktion in urbanen Gebieten können hier mit aktuellen Daten gestützt werden (vgl. Abschnitt 3.2). Hinter dem Globalmerkmal Einwohnerdichte kann sich wiederum eine ganze Reihe von ökonomischen und sozialstrukturellen Merkmalen verbergen (Lebenshaltungskosten, durchschnittliche Wohnungsgröße, Frauenerwerbstätigkeit). Neuere Studien legenden Schluß nahe, daß die theoretischen Grundlagen von Easterlin in bezug auf ökonomische und von Goldscheider in bezug auf sozialstrukturelle Bedingungen des generativen Verhaltens verknüpft werden sollen. Erst die Kombination vieler Faktoren kann die ganze Komplexität des Phänomens der differentiellen 'Fertilität' fassen (Burr 1995).

Abbildung 6.30: Ein rekursives Pfadmodell demographischer und außerdemographischer Einflußfaktoren auf die Altersstruktur bayerischer Kreise und kreisfreier Städte

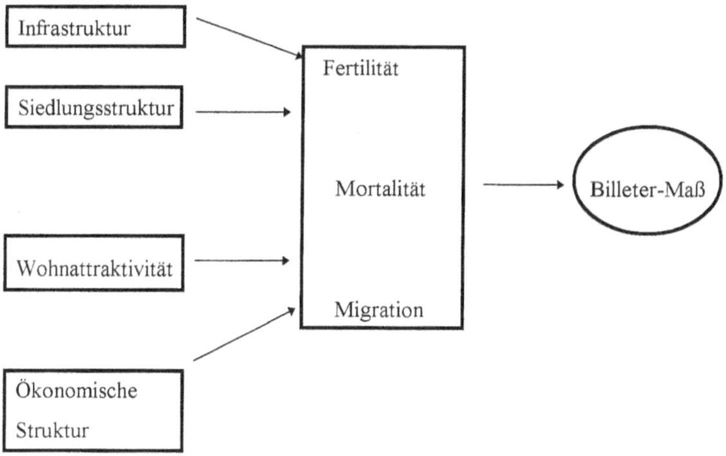

Der positive Zusammenhang zwischen Wohnungsbau und Fertilität ist mit dem Lebenszyklus junger Familien zu erklären. Familiengründung und Anschaffung von Wohneigentum bzw. Umzug in eine größere Wohnung bedingen sich meist gegenseitig. Der Wanderungssaldo der 25- bis 29-Jährigen kann damit erklärt werden, daß viele Studierende nach dem Studium den Hochschulort verlassen und dorthin wandern, wo ihnen der Berufseintritt ermöglicht wird (vertikale Mobilität). Gleichermaßen wandern junge mobile Menschen aus Regionen ab, die überdurchschnittlich mit Beschäftigungskrisen konfrontiert sind (horizontale Mobilität).[31] Kreise mit einem stark wachsenden Dienstleistungssektor sind die Zielregionen dieser Altersgruppe. Die 50- bis 64-Jährigen neigen dagegen dazu, aus ökonomisch bevorteilten Regionen abzuwandern und ihren Altersruhesitz – bei einem durchschnittliche Verrentungsalter von 58 Jahren – in strukturschwachen, aber landschaftlich reizvollen Gebieten einzurichten.

[31] Zum Zusammenhang zwischen vertikaler (= sozialer) und horizontaler (= regionaler) Mobilität vgl. Abschnitt 3.1.3.

Abbildung 6.31: Empirischer Test des Pfadmodells zur Erklärung regionaler Altersstrukturdifferenzen (schrittweise Regressionsgleichungen: beta-Koeffizienten)

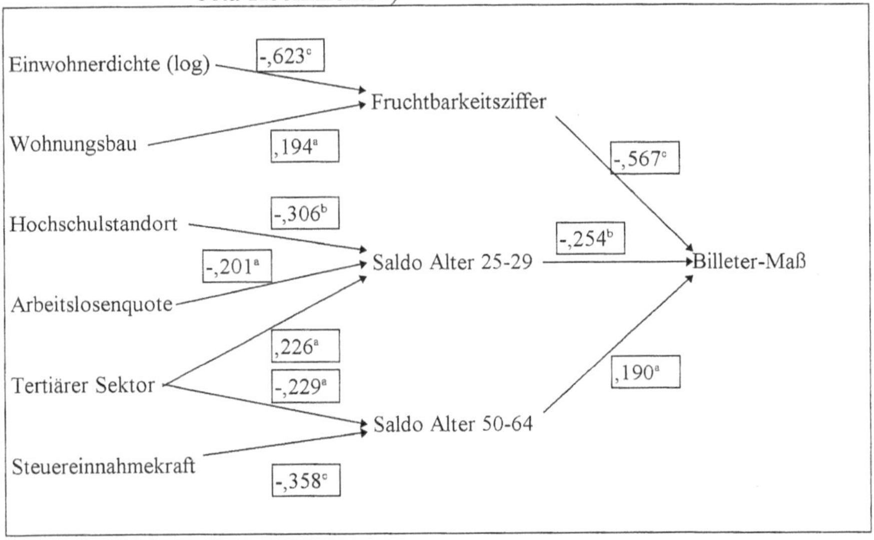

a: p< .05 b: p<.01 c: p<.001

Insgesamt kann mit diesem Modell und einer überschaubaren Zahl unabhängiger Variablen ein Großteil regionaler Altersstrukturdifferenzen erklärt werden. Die Richtungen der Zusammenhänge folgen der zu erwartenden Tendenz und fügen sich in die in Kapitel 3 beschriebenen theoretischen Konzeptionen und empirischen Vorleistungen ein. Entgegen der Eingangshypothese spielen infrastrukturelle Faktoren eine untergeordnete Rolle bzw. werden von ökonomischen Faktoren fast vollkommen überlagert. Der Sinn und Zweck multivariater Analysen liegt darin, theoretisch relevant erscheinende Faktoren auf ihr empirisches Gewicht hin zu überprüfen. Unabhängig von den vielen aufschlußreichen Einzelaspekten zeigen die Ergebnisse der empirischen Analyse, daß die Synthese von Sozialökologie mit dem Lebenszyklus-Konzept einen sinnvollen Ansatzpunkt darstellt, demographische Strukturen im Raum zu erklären.

7. Kurzfassung der Ergebnisse und Ausblick

Im Mittelpunkt der Untersuchung standen zwei zentrale Fragestellungen:

1. Läßt sich eine eindimensionale Maßzahl als Funktion einer gegebenen Altersstruktur finden, die eine Aussage darüber erlaubt, welche Bevölkerungen vergleichsweise demographisch 'älter' bzw. 'jünger' sind?
2. Welche demographischen und außerdemographischen Determinanten führen in welcher Stärke zu regionalen Altersstrukturdifferenzen?

Insgesamt wurden acht verschiedene Maße berechnet, die geeignet schienen, Altersstrukturdifferenzen adäquat abzubilden. Es stellte sich heraus, daß jedes Maß spezifische Eigenheiten besitzt, die es für die Analyse von Altersstrukturen mehr oder weniger befähigt. Das Maß sollte bei unterschiedlichen Fragestellungen mit wenig Aufwand berechenbar, anschaulich und leicht zu interpretieren sein. Als objektives Vergleichskriterium wurde der Variationskoeffizient eingeführt. Er ist als Sensibilitätsgrad für interregionale oder intertemporale Altersstrukturdifferenzen auszulegen. In dieser Untersuchung stellte sich das schon seit über 40 Jahren bekannte, aber vergleichsweise selten angewandte Billeter-Maß als geeignet heraus. Vergleichende Analysen von Altersstrukturdifferenzen oder demographischen Alterungsvorgängen könnten zukünftig daraufhin ausgelegt werden, die besprochenen Maßzahlen zu testen und ein allgemein gebräuchliches und anerkanntes Maß zu generieren.

Erkenntnisse aus der sozialökologischen Forschung und der Analyse von Lebenszyklen dienten als theoretisches Fundament, Erklärungsfaktoren für regionale Altersstrukturdifferenzen empirisch herauszuarbeiten. Die Ergebnisse haben gezeigt, daß diese Theorien auf Aggregatebene geeignete Interpretationsmuster liefern. Die Erklärungsfaktoren wurden analytisch in demographische und außerdemographische unterteilt. Es konnte gezeigt werden, daß innerhalb des demographischen Bereichs das Niveau der Geburtenhäufigkeit das stärkste Gewicht hat. Altersspezifische Wanderung ist nicht in allen Altersstufen relevant und kann in zweierlei Richtung wirken: regionale Unterschiede verstärken (Entmischung) oder sie mindern (Dekonzentration).

Neben der Einwohnerdichte als globalem und schwer veränderbarem Strukturmaß zeigten vor allem ökonomische Indikatoren wie Wohnungsbautätigkeit, Arbeitslosenquote, Steuereinnahmekraft und Wachstum des Dienstleistungssektors, daß demographische Strukturen von nichtdemographischen Faktoren beeinflußt werden. In den zuletzt genannten, veränderbaren Bereichen würde der Ansatzpunkt für Steuerungsmaßnahmen liegen. Überraschend ist das Ergebnis, daß Ausländerzuzug oder Ausländeranteile nicht mit dem regional unterschiedlichen Altersaufbau zusammenhängen. Das läßt sich damit begründen, daß die ausländische Immigrantenpopulation seit den 60er Jahren selbst gealtert ist und daß in den letzten Jahren Zuwanderung vermehrt auch in ländliche Gebiete stattgefunden hat. In Bayern ist eine regionale Dekonzentration von Ausländeranteilen zu beobachten.

Inwieweit die in dieser Arbeit herausgearbeiteten Faktoren in Zukunft dazu führen, daß sich Altersstrukturen weiter ausdifferenzieren, sollte in bevölkerungsdynamischen Untersuchungen weiterverfolgt werden. Insbesondere die Träger der Raumordnungspolitik könnten solche Erkenntnisse in ihre langfristigen Konzeptionen einarbeiten. Vor allem städtische Kommunen stehen vor der Aufgabe, das Wohnumfeld für junge Familien attraktiv zu gestalten, um dort die Geburtenhäufigkeit zu erhöhen, wenn sie nicht auf den Zuzug von Auszubildenden und Studierenden angewiesen sein wollen. Wichtig erscheint hierbei, bezahlbaren familiengerechten Wohnraum anzubieten, der es jungen Familien erlaubt, sich urbane Lebensweise finanziell leisten zu können. Ebenso könnte der Ausbau von Dienstleistungszentren die Standortwahl von jungen hochqualifizierten Erwerbspersonen begünstigen.

Die in dieser Untersuchung herausgearbeitete Ursachenstruktur erlaubt es, ein Instrumentarium für die Landes- und Regionalplanung abzuleiten, mit dessen Hilfe unerwünschten Entwicklungen rechtzeitig entgegengewirkt werden könnte. Es erscheint m.E. ratsam, das Wissen um strukturelle Zusammenhänge und Wirkungsweisen in die Raumordnungspolitik einzubeziehen. Allerdings müßten den Kreisen zuallererst die sozio-ökonomischen Folgen bewußt werden, die sich hinter regionalen Altersstrukturdifferenzen verbergen. Darauf hinzuführen und Entscheidungsträger für diese Problematik zu sensibilisieren, war ein Anliegen dieser Arbeit.

Liste der Kreiskennzahlen

Bezirk Oberbayern		Rangplatz nach Billeter-Maß
1	KS Ingolstadt	62
2	KS München	75
3	KS Rosenheim	66
4	LK Altötting	54
5	LK Berchtesgadener Land	83
6	LK Bad-Tölz-Wolfratshausen	60
7	LK Dachau	34
8	LK Ebersberg	43
9	LK Eichstätt	03
10	LK Erding	07
11	LK Freising	02
12	LK Fürstenfeldbruck	55
13	LK Garmisch-Partenkirchen	88
14	LK Landsberg am Lech	13
15	LK Miesbach	69
16	LK Mühldorf am Inn	50
17	LK München	64
18	LK Neuburg-Schrobenhausen	17
19	LK Pfaffenhofen an der Ilm	08
20	LK Rosenheim	39
21	LK Starnberg	80
22	LK Traunstein	63
23	LK Weilheim-Schongau	51

Bezirk Niederbayern

24	KS Landshut	92
25	KS Passau	73
26	KS Straubing	74
27	LK Deggendorf	35
28	LK Freyung-Grafenau	12
29	LK Kelheim	19
30	LK Landshut	09
31	LK Passau	22
32	LK Regen	37
33	LK Rottal-Inn	47

34	LK Straubing-Bogen	18
35	LK Dingolfing-Landau	30

Bezirk Oberpfalz

36	KS Amberg	79
37	KS Regensburg	82
38	KS Weiden in der Oberpfalz	81
39	LK Amberg-Sulzbach	31
40	LK Cham	33
41	LK Neumarkt in der Oberpfalz	05
42	LK Neustadt an der Waldnaab	26
43	LK Regensburg	06
44	LK Schwandorf	44
45	LK Tirschenreuth	53

Bezirk Oberfranken

46	KS Bamberg	90
47	KS Bayreuth	77
48	KS Coburg	91
49	KS Hof	94
50	LK Bamberg	01
51	LK Bayreuth	46
52	LK Coburg	57
53	LK Forchheim	11
54	LK Hof	93
55	LK Kronach	68
56	LK Kulmbach	72
57	LK Lichtenfels	56
58	LK Wunsiedel im Fichtelgebirge	96

Bezirk Mittelfranken

59	KS Ansbach	85
60	KS Erlangen	49
61	KS Fürth	65
62	KS Nürnberg	87
63	KS Schwabach	70

64	LK Ansbach	21
65	LK Erlangen-Höchstadt	04
66	LK Fürth	59
67	LK Nürnberger Land	61
68	LK Neustadt an der Aisch-Bad Windsheim	48
69	LK Roth	27
70	LK Weißenburg-Gunzenhausen	52

Bezirk Unterfranken

71	KS Aschaffenburg	67
72	KS Schweinfurt	95
73	KS Würzburg	71
74	LK Aschaffenburg	24
75	LK Bad Kissingen	58
76	LK Rhön-Grabfeld	25
77	LK Haßberge	16
78	LK Kitzingen	28
79	LK Miltenberg	15
80	LK Main-Spessart	42
81	LK Schweinfurt	32
82	LK Würzburg	14

Bezirk Schwaben

83	KS Augsburg	84
84	KS Kaufbeuren	86
85	KS Kempten (Allgäu)	89
86	KS Memmingen	78
87	LK Aichach-Friedberg	10
88	LK Augsburg	23
89	LK Dillingen an der Donau	20
90	LK Günzburg	29
91	LK Neu-Ulm	38
92	LK Lindau (Bodensee)	76
93	LK Ostallgäu	40
94	LK Unterallgäu	41
95	LK Donau-Ries	36
96	LK Oberallgäu	45

Karte 1

Billeter-Maß für die bayerischen Kreise 1993 (multipliziert mit -1000)

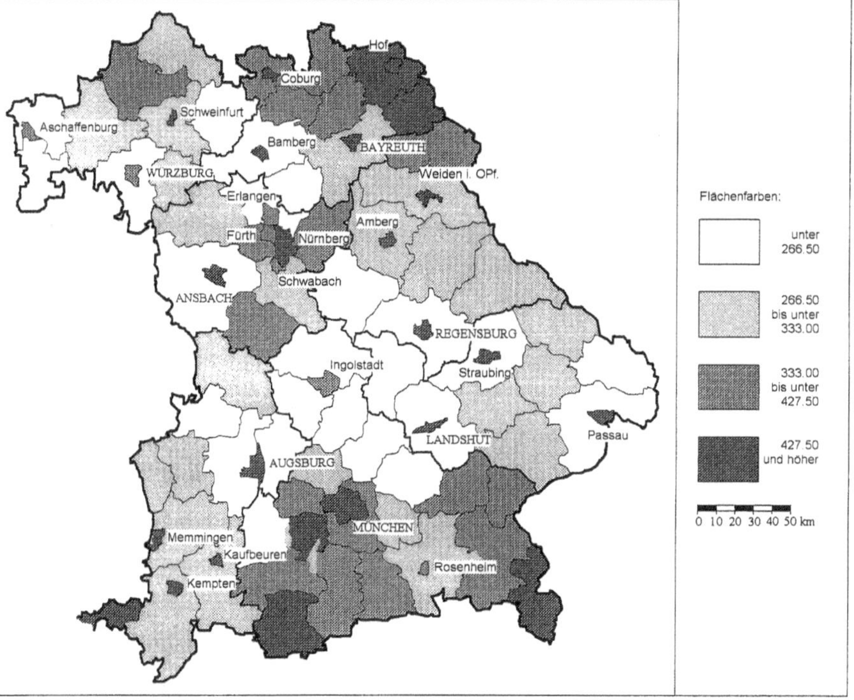

Karte 2

Bevölkerungsentwicklung 1980-1992; Wachstum in %

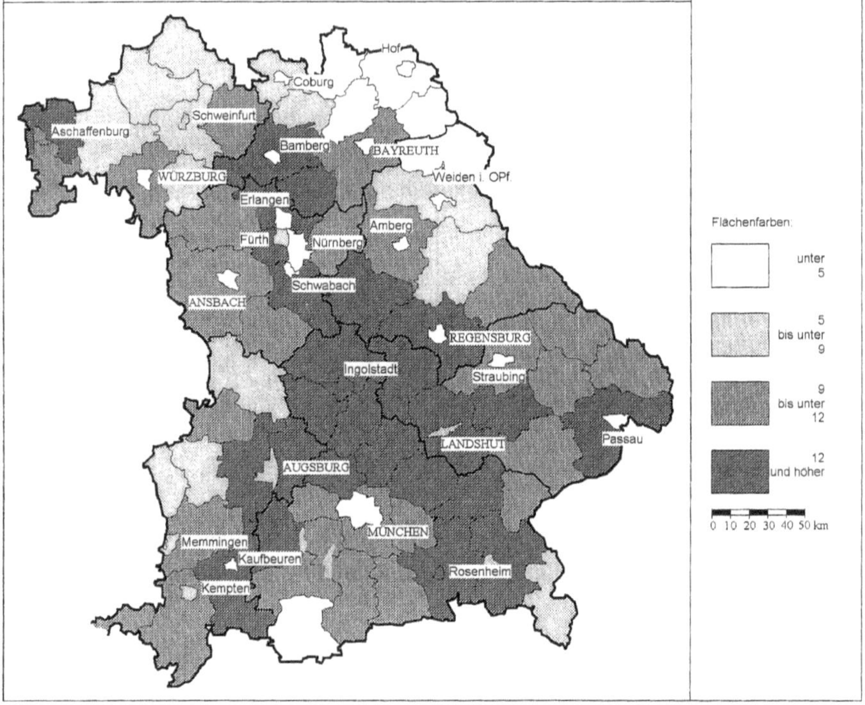

Karte 3

Natürlicher Bevölkerungssaldo je 1000 Einwohner 1980 bis 1992

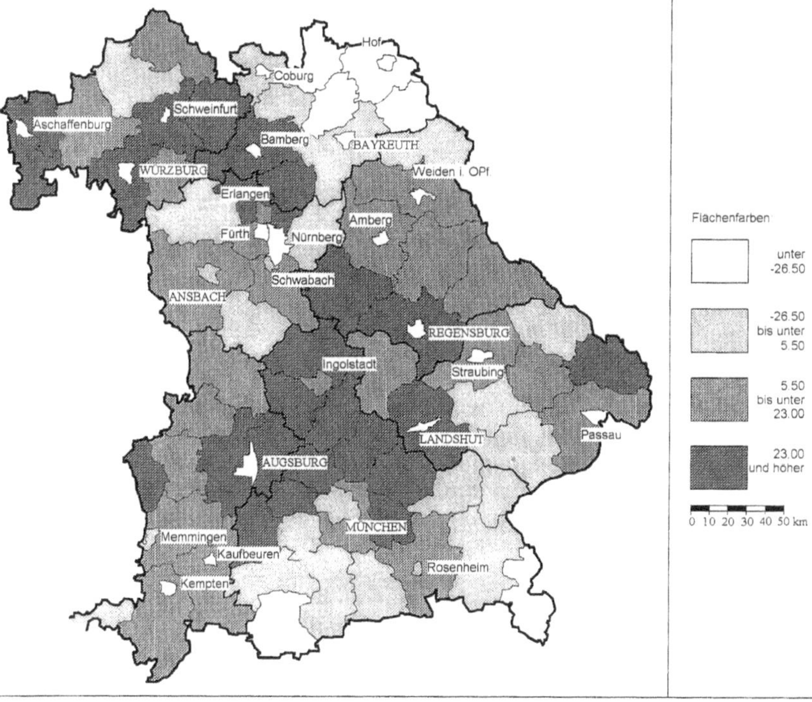

Karte 4

Natürlicher Bevölkerungssaldo je 1000 Einwohner 1992

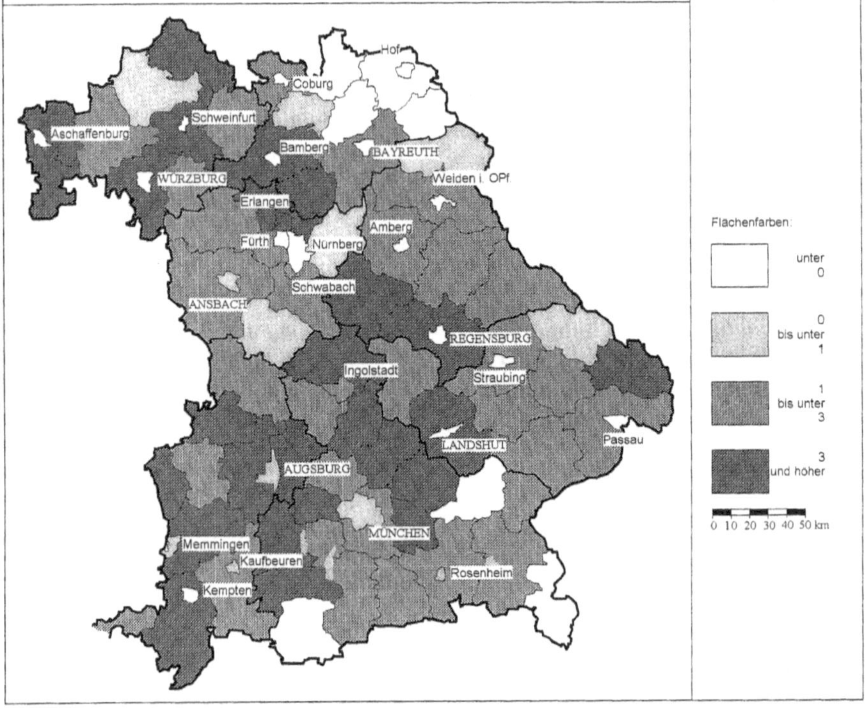

Karte 5

Fruchtbarkeitsziffer 1993 (Lebendgeb. je 1.000 Frauen im Alter 15 - 49)

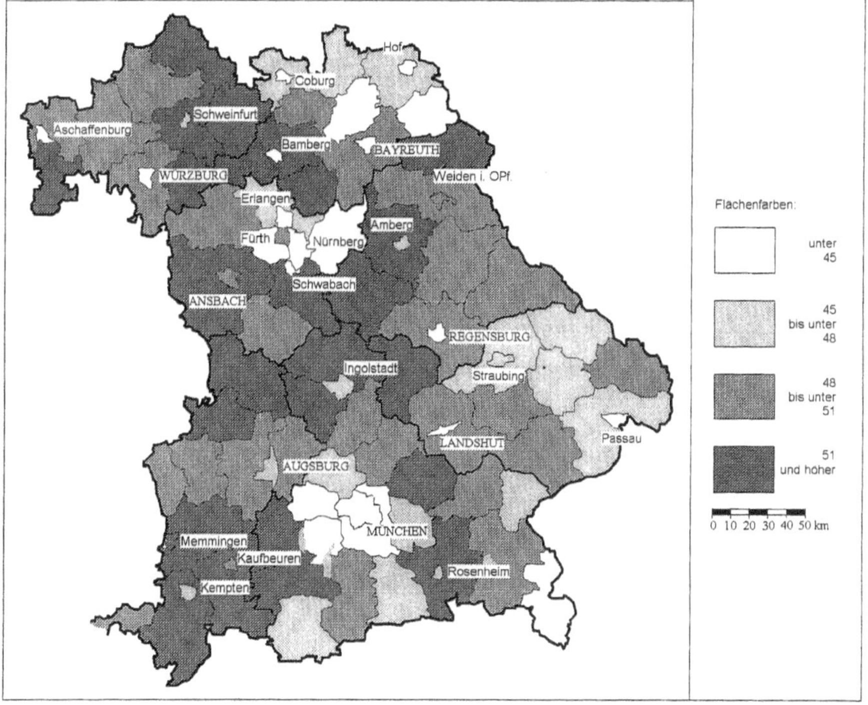

Karte 6

Sterbeziffer der über 75-Jährigen 1993

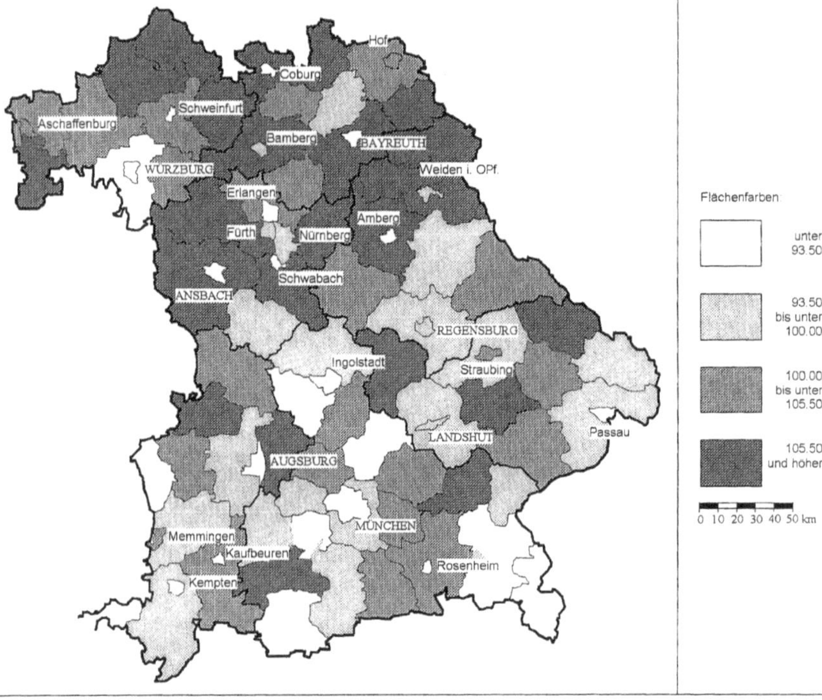

Karte 7

Gesamtwanderungssaldo je 1000 Einwohner 1991

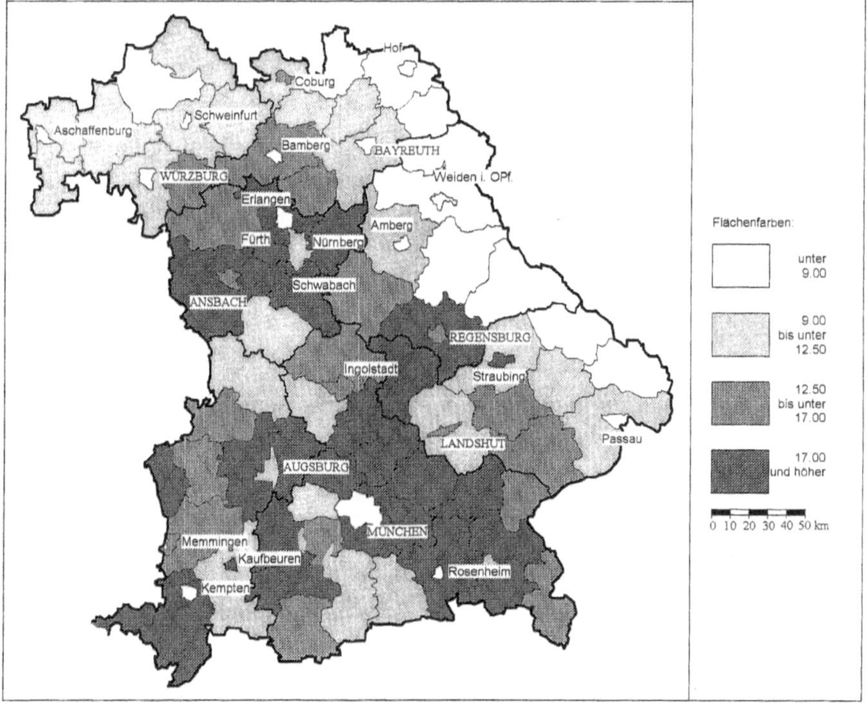

Karte 8

Binnenwanderungssaldo je 1000 Einwohner 1991

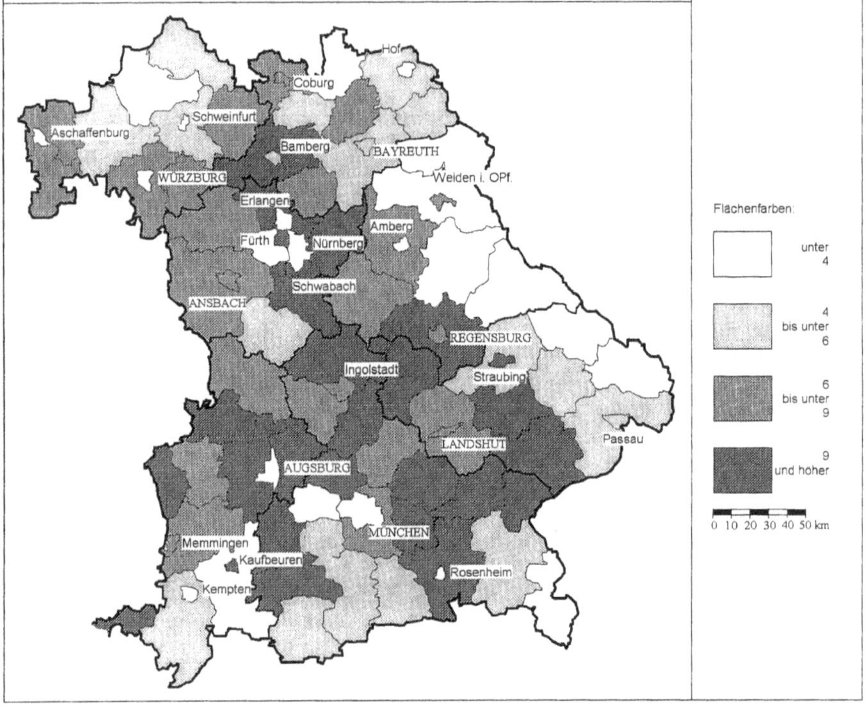

Karte 9

Außenwanderungssaldo je 1000 Einwohner 1991

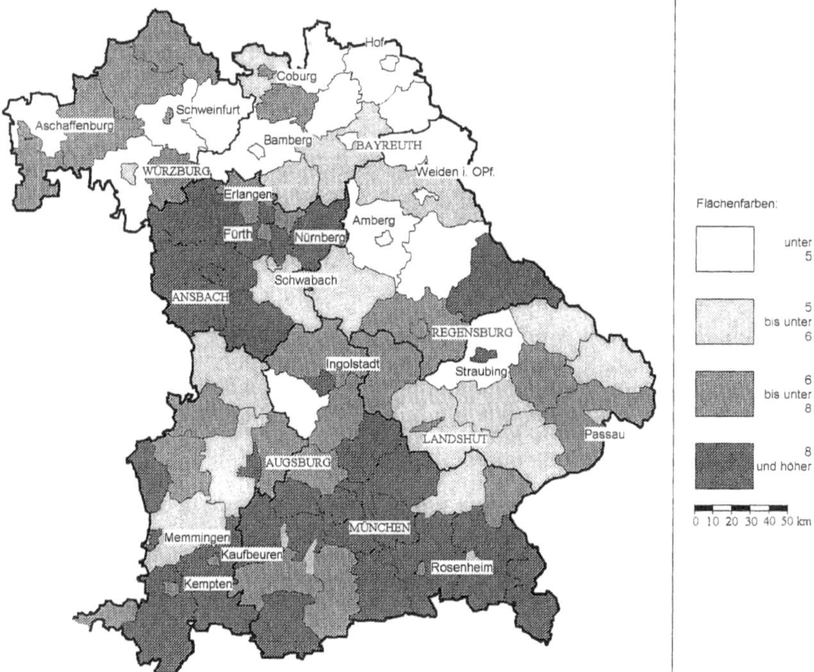

Karte 10

Binnenwanderungssaldo der unter 18-Jährigen 1991

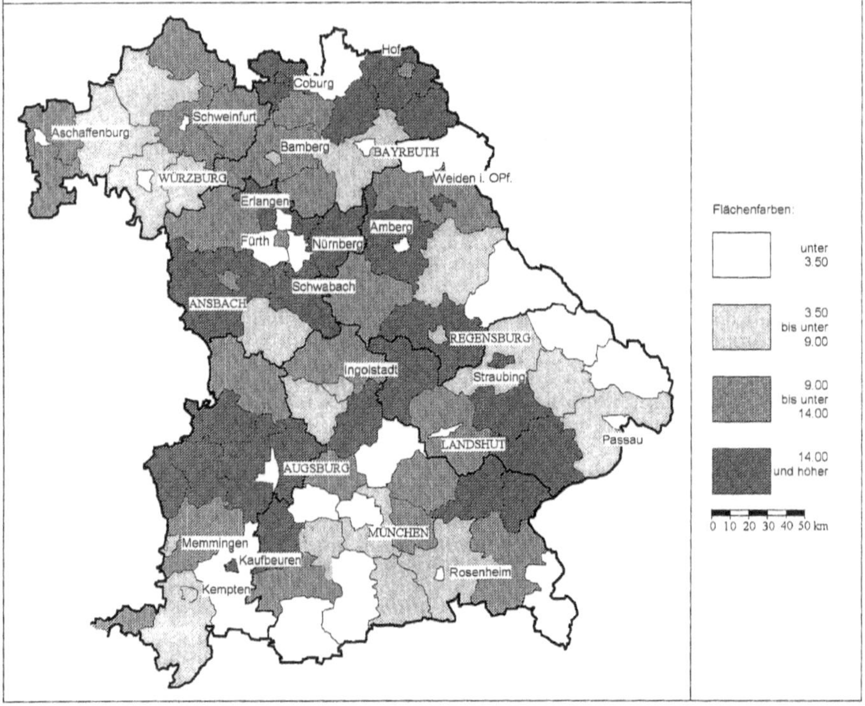

Karte 11

Binnenwanderungssaldo der 18-24-Jährigen 1991

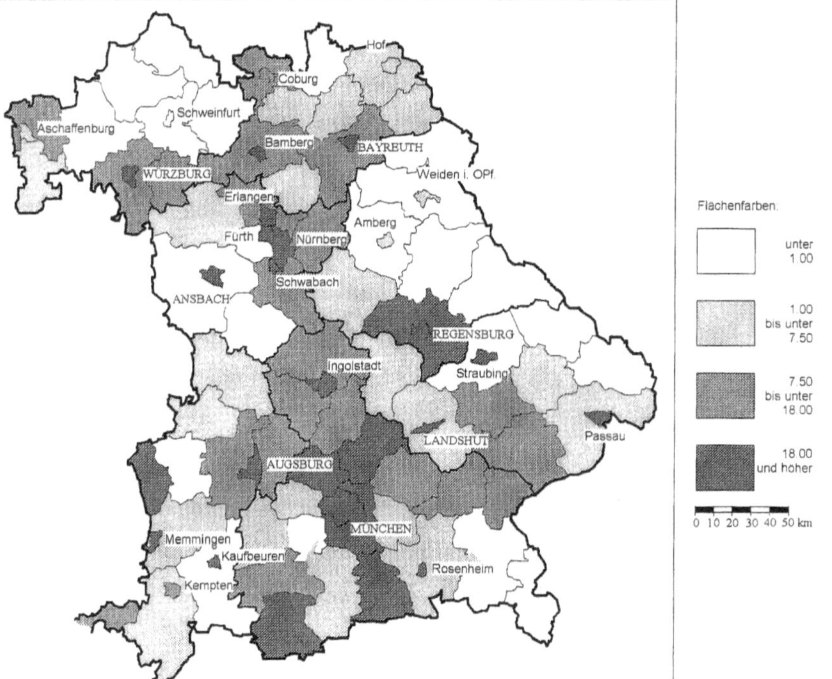

Karte 12

Binnenwanderungssaldo der 25-29-Jährigen 1991

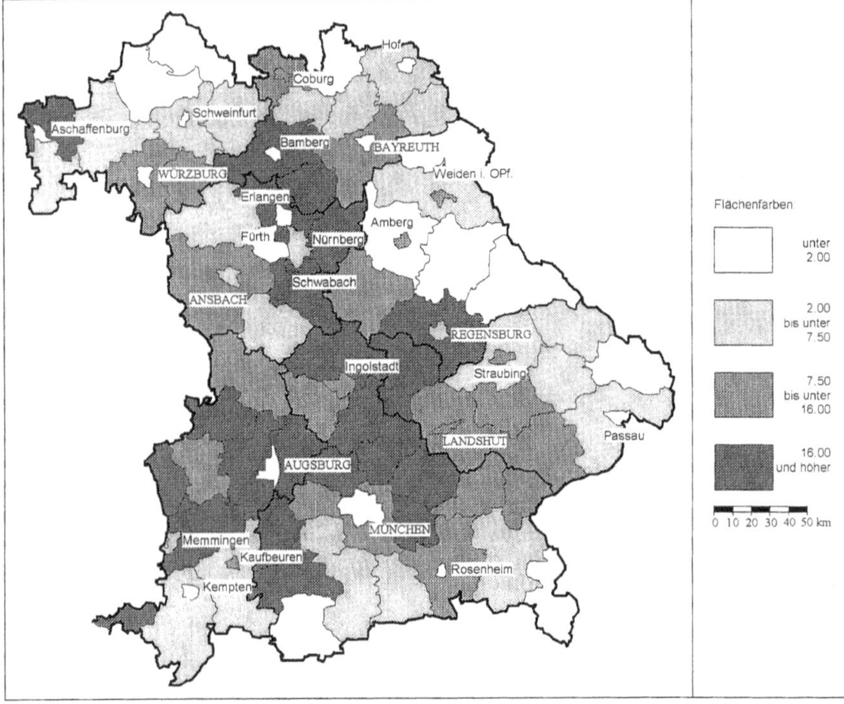

Karte 13

Binnenwanderungssaldo der 30-49-Jährigen 1991

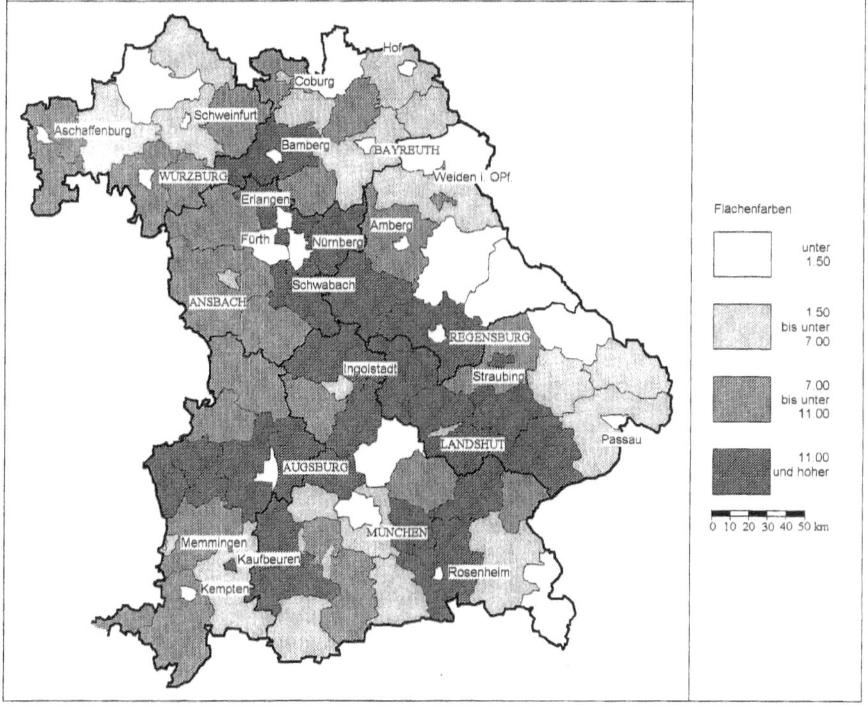

Karte 14

Binnenwanderungssaldo der 50-64-Jährigen 1991

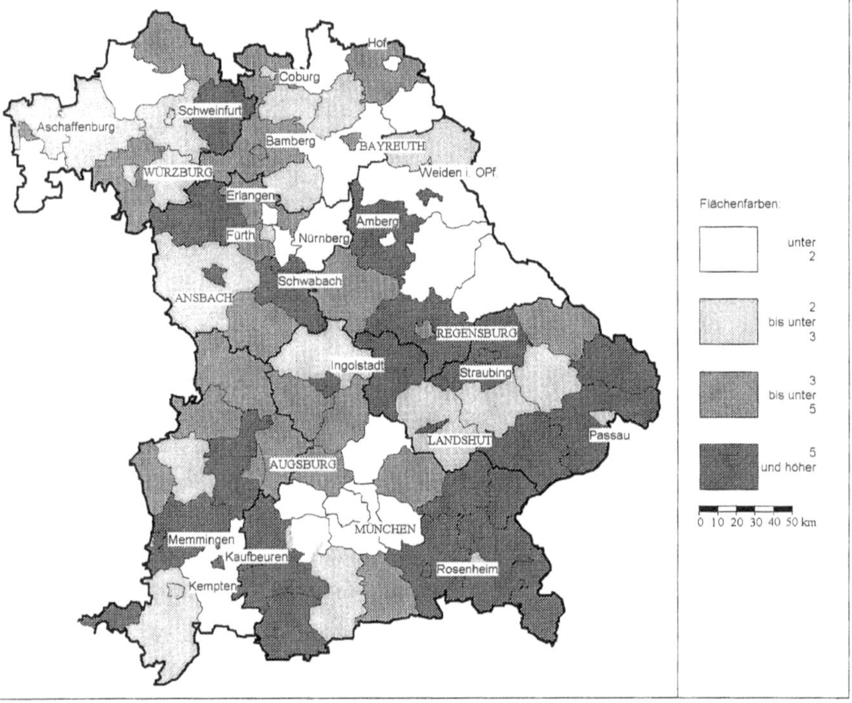

Karte 15

Binnenwanderungssaldo der über 65-Jährigen 1991

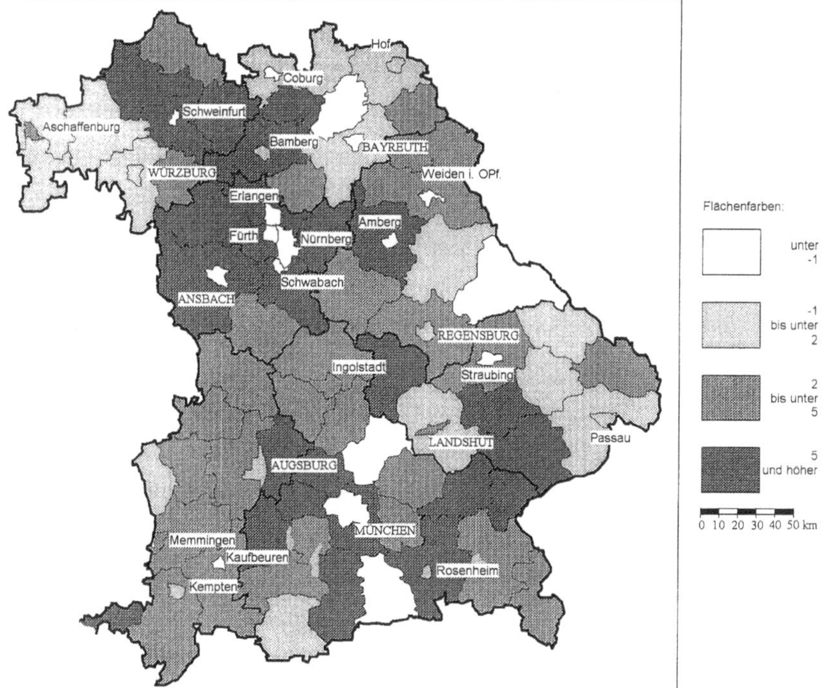

Karte 16

Anteil der Frauen älter als 75 im Jahr 1992

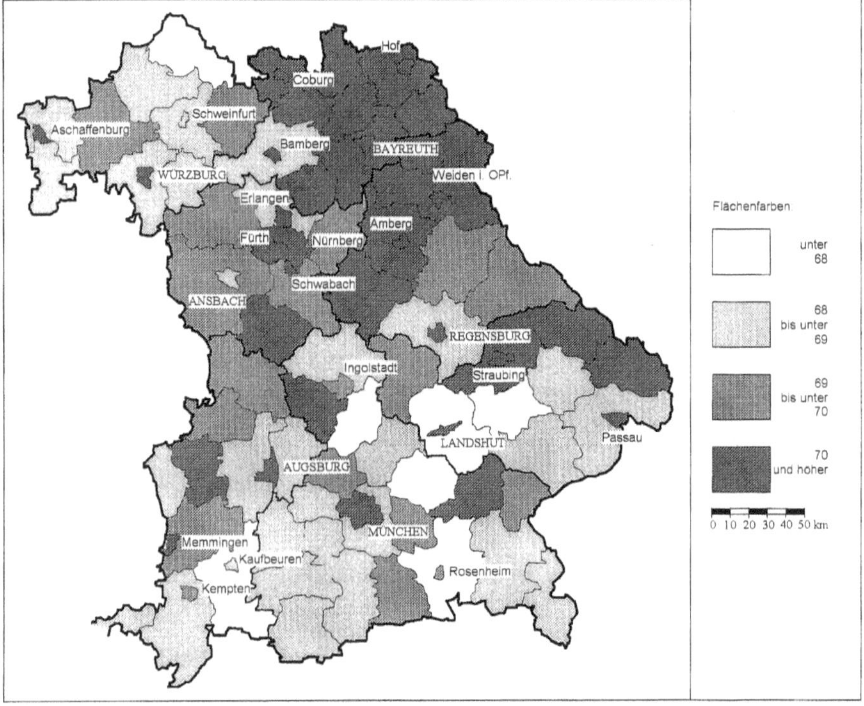

Karte 17

Einwohnerdichte in Personen pro km² in bayerischen Kreisen 1993

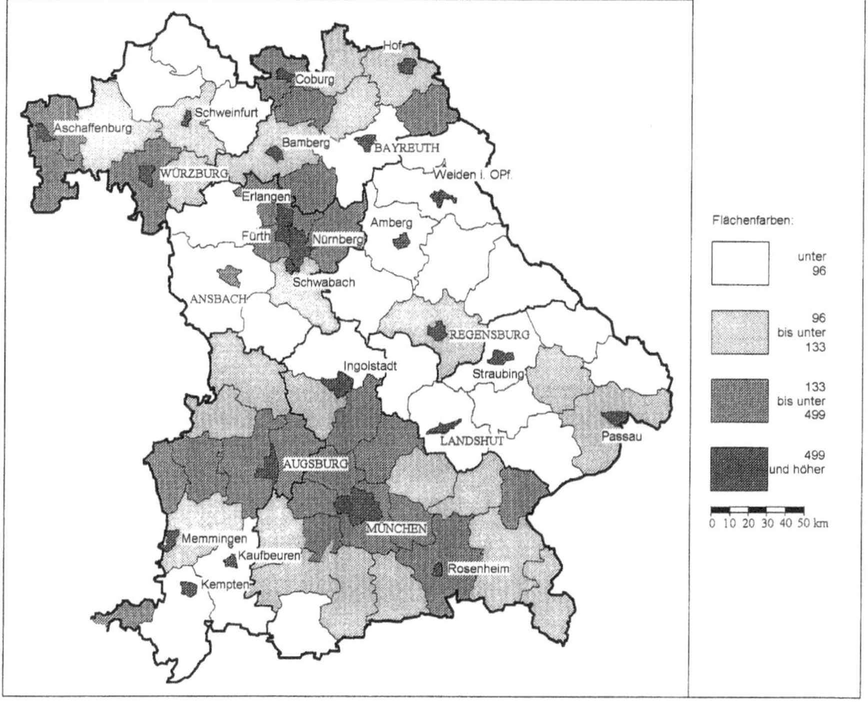

Karte 18

Ausländeranteil in bayerischen Kreisen 1992 in %

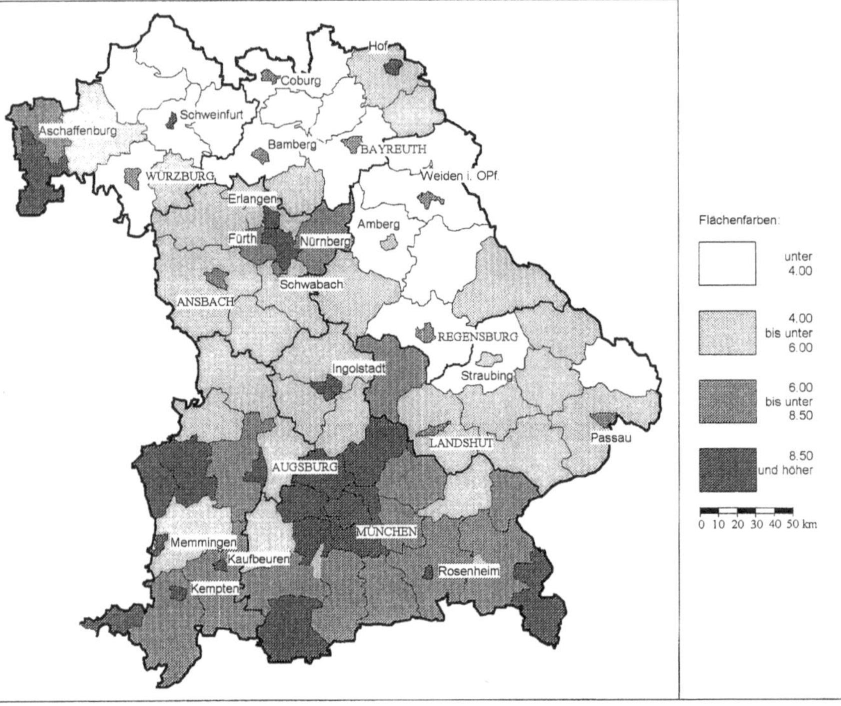

Karte 19

Entwicklung der Zahl der Ausländer 1980 bis 1992 in %

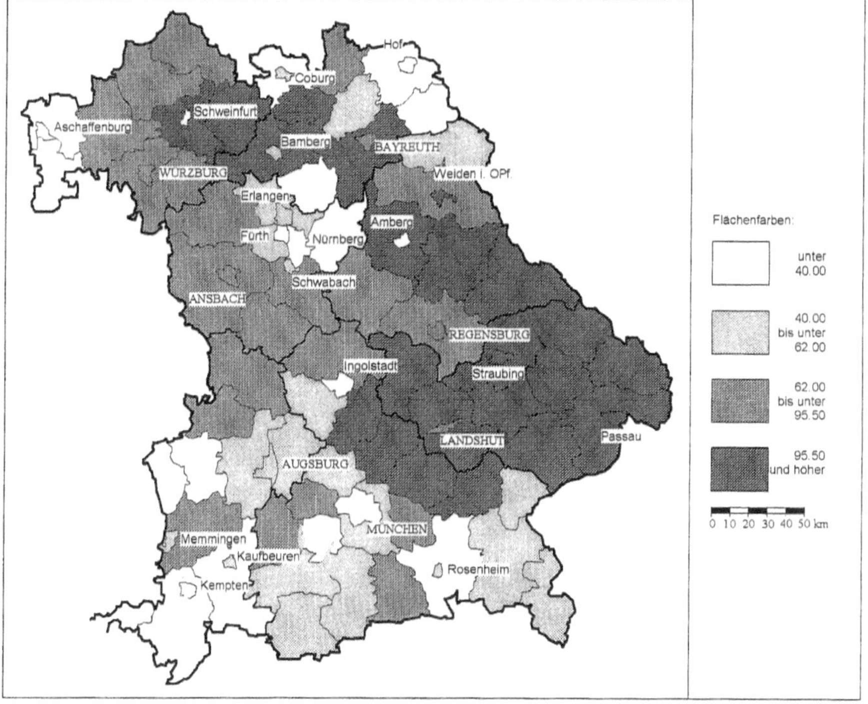

Karte 20

Kreise mit wissenschaftlichen Hochschulen oder Fachhochschulen 1992

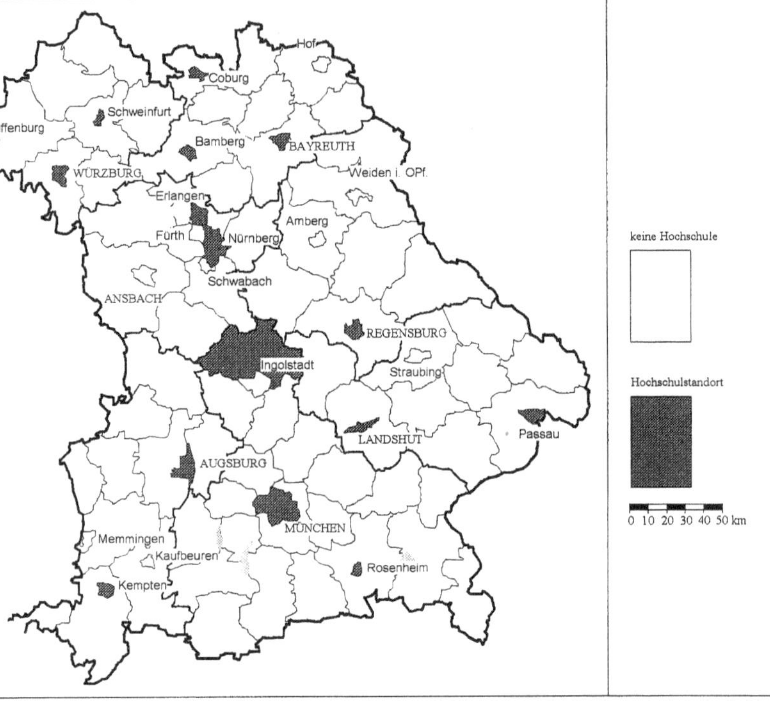

Karte 21

Anzahl Gymnasien und Gesamtschulen je 10.000 15-20-Jährige 1991

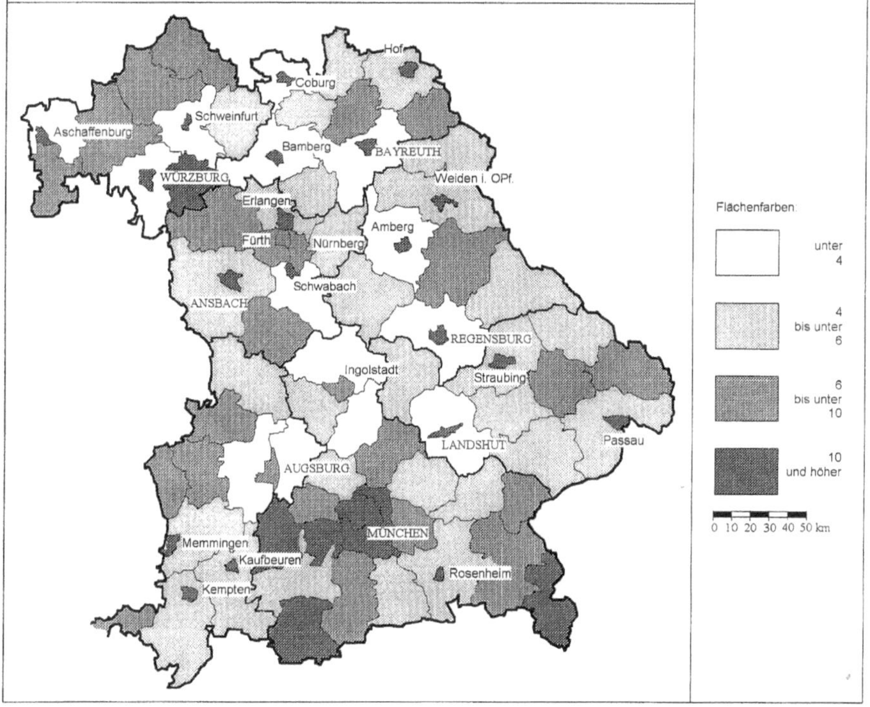

Karte 22

Personen in Heimen der Altenhilfe je 1.000 Einwohner 1993

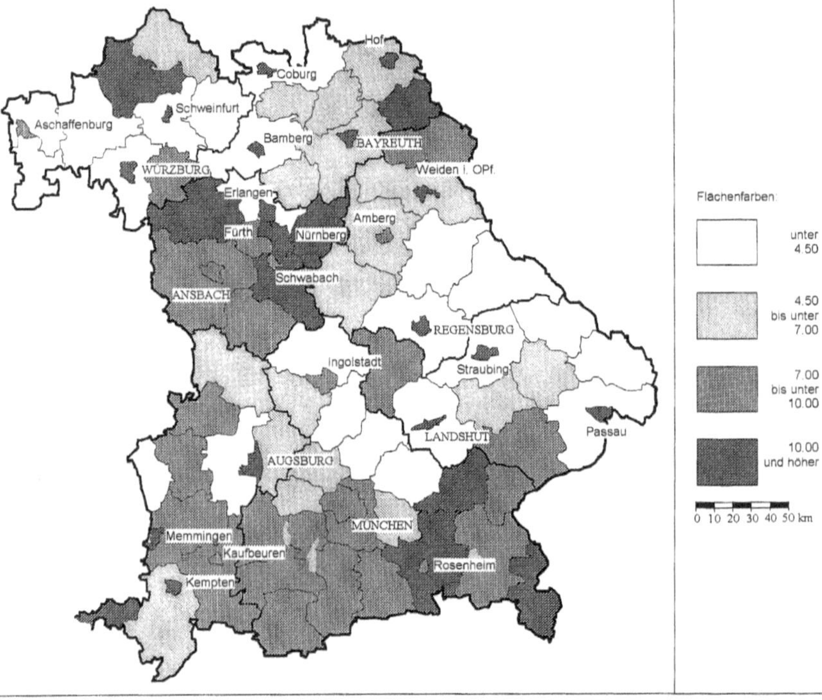

Karte 23

Plätze in Theatern und Lichtspielhäusern je 10.000 Einwohner 1993

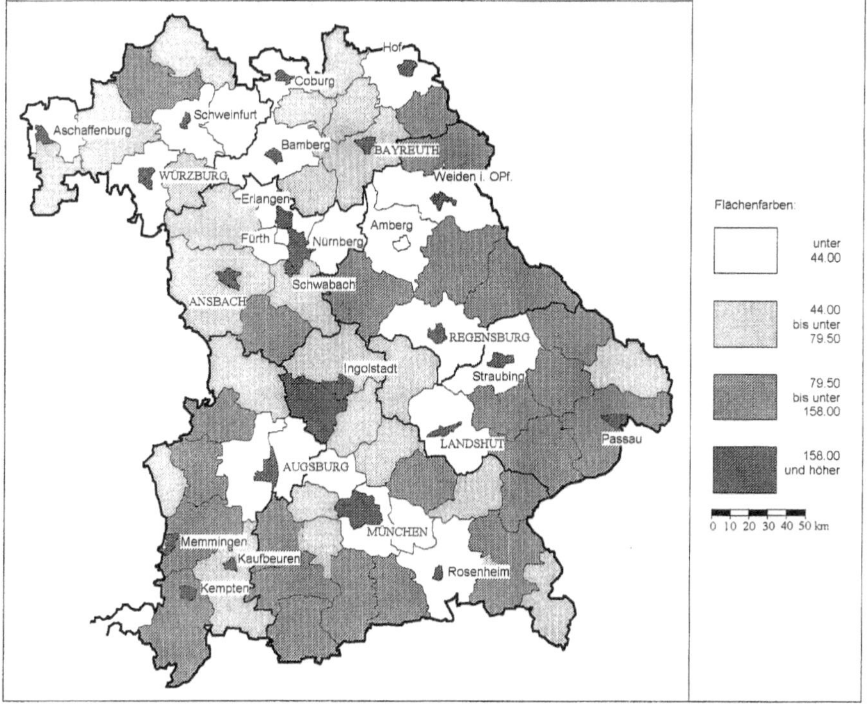

Karte 24

Erholungsfläche je Einwohner in km²

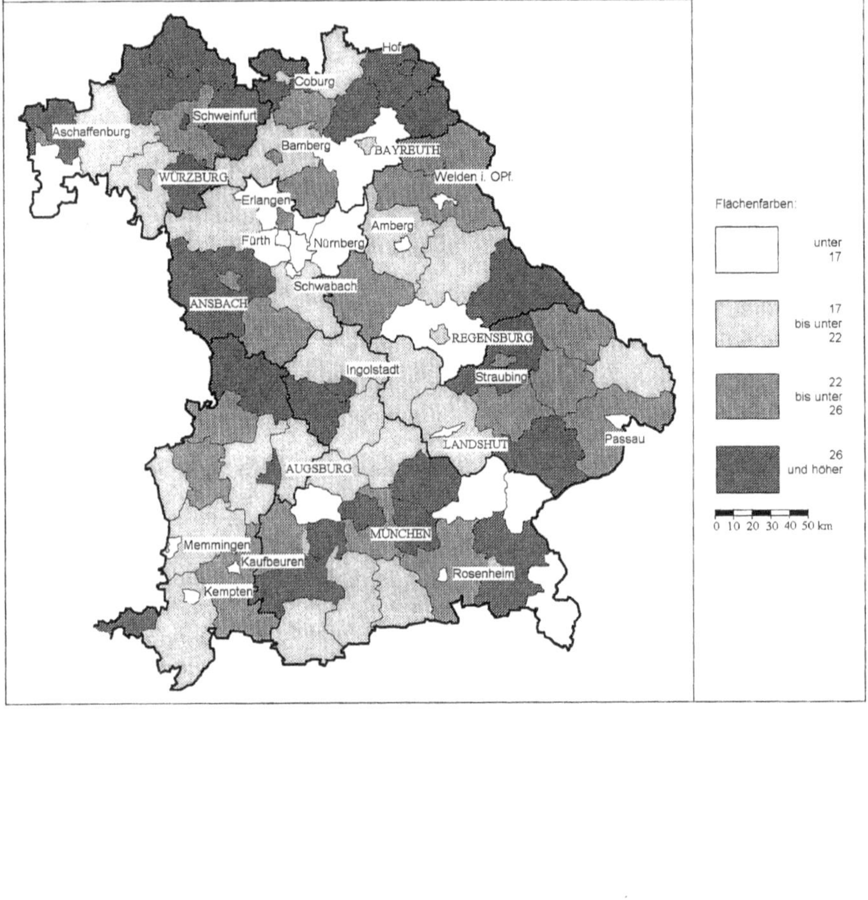

Karte 25

Fertiggestellte Wohnungen je 1.000 des Bestandes 1992

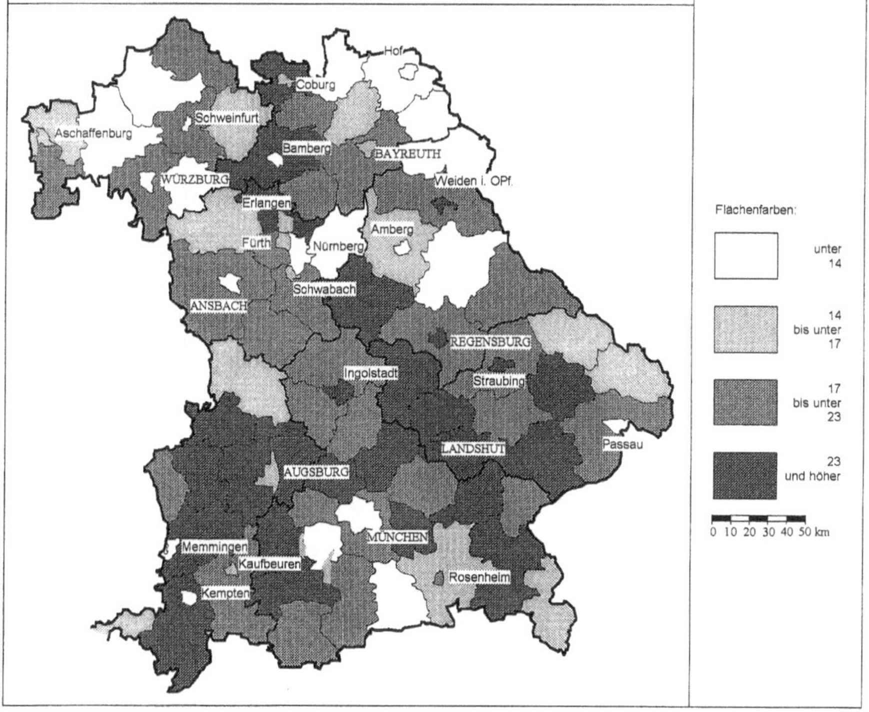

Karte 26

Entwicklung der SV-Beschäftigten im primären Sektor 1980 - 1993 in %

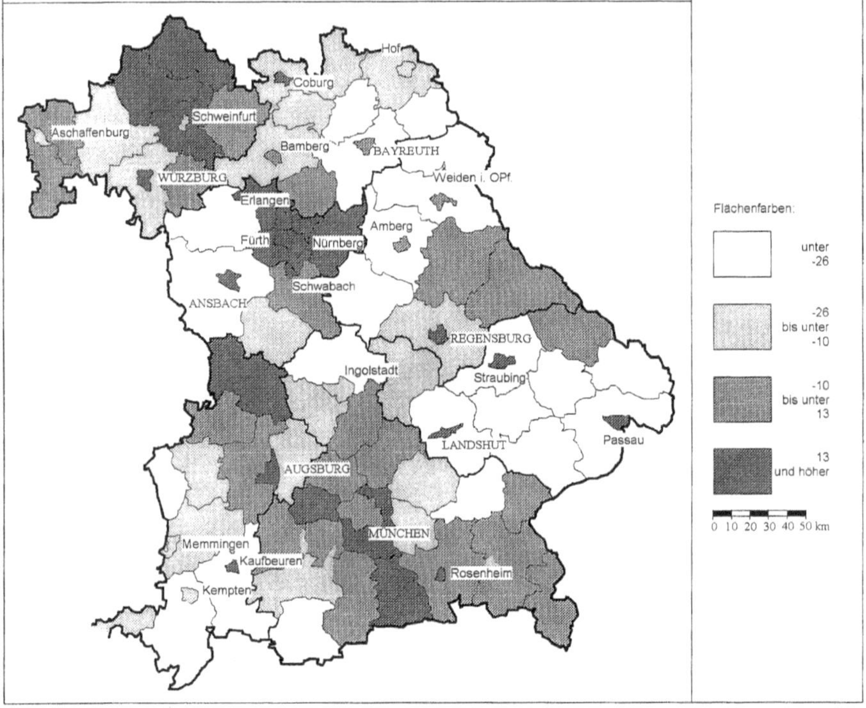

Karte 27

Entwicklung der SV-Beschäftigten im sekundären Sektor 1980 - 93 in %

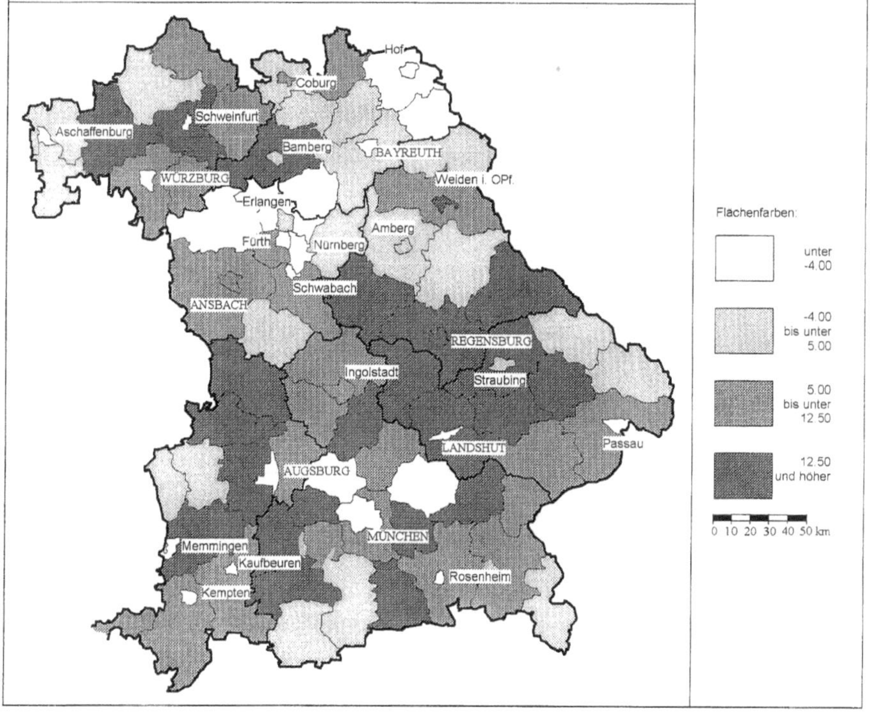

Karte 28

Entwicklung der SV-Beschäftigten im tertiären Sektor 1980 - 93 in %

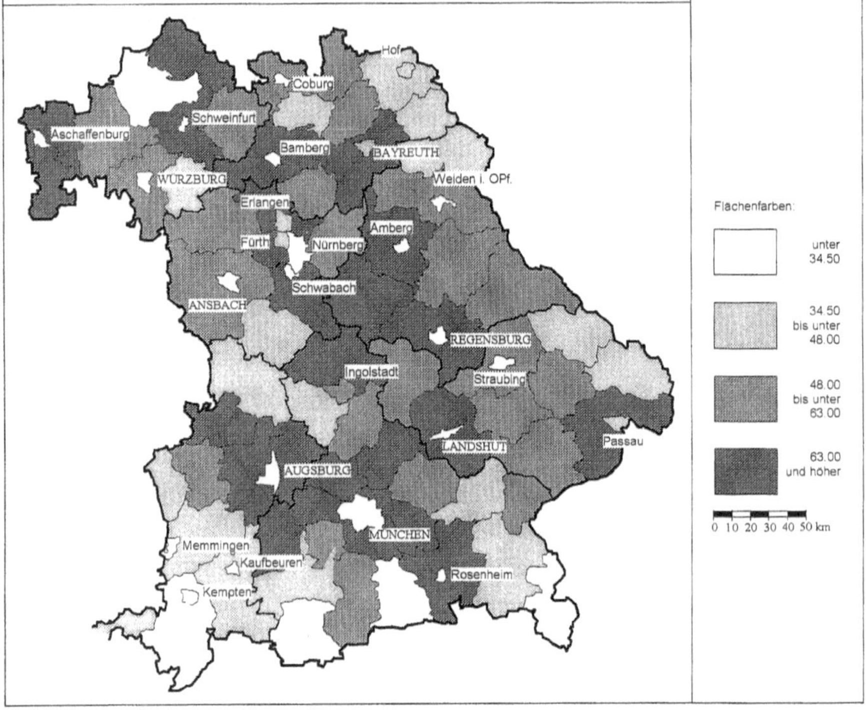

Karte 29

Monatl. Lohn- und Gehaltssumme (brutto) je Industriebeschäftigten 1993

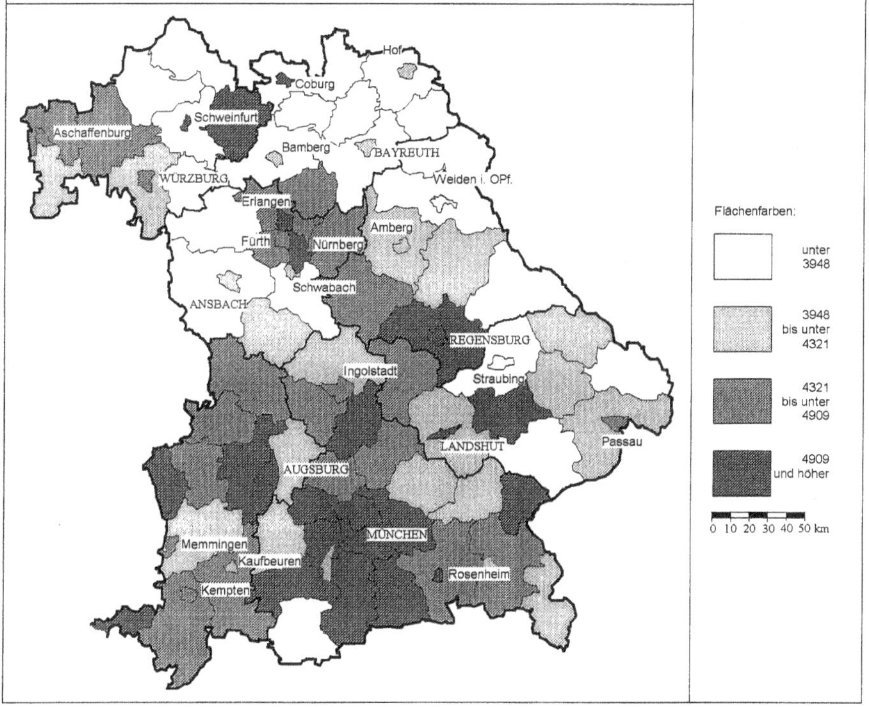

Karte 30

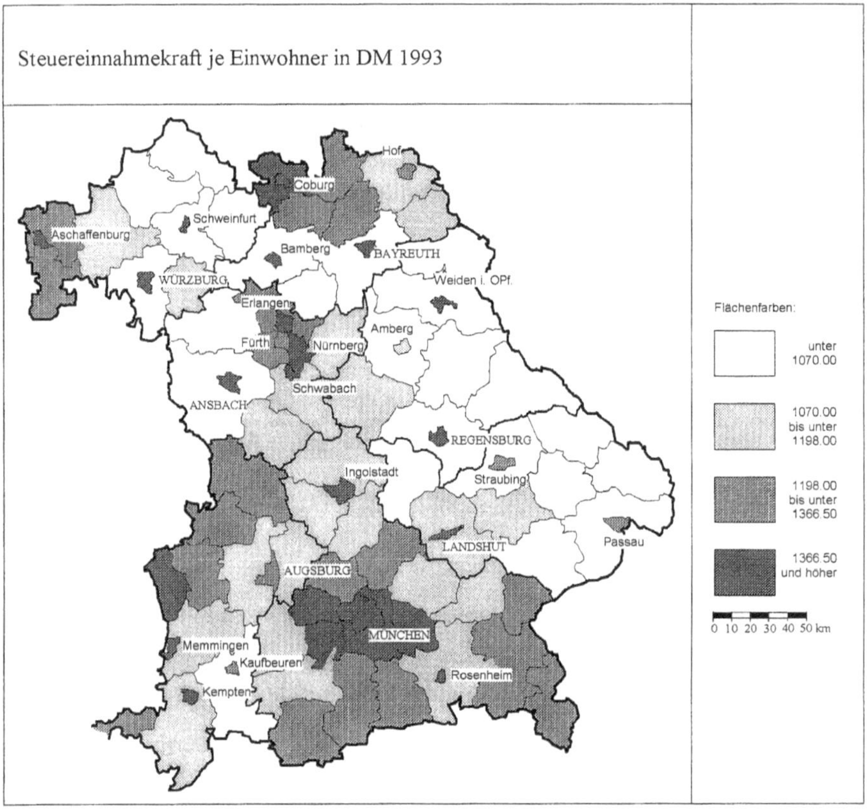
Steuereinnahmekraft je Einwohner in DM 1993
Hof
Coburg
Schweinfurt
Aschaffenburg
Bamberg
BAYREUTH
WÜRZBURG
Weiden i. OPf.
Erlangen
Amberg
Fürth
Nürnberg
Schwabach
ANSBACH
REGENSBURG
Ingolstadt
Straubing
Passau
LANDSHUT
AUGSBURG
MÜNCHEN
Memmingen
Kaufbeuren
Rosenheim
Kempten
Flächenfarben:
unter 1070.00
1070.00 bis unter 1198.00
1198.00 bis unter 1366.50
1366.50 und höher
0 10 20 30 40 50 km

Karte 31

Arbeitslosenquote am 30.9.1993

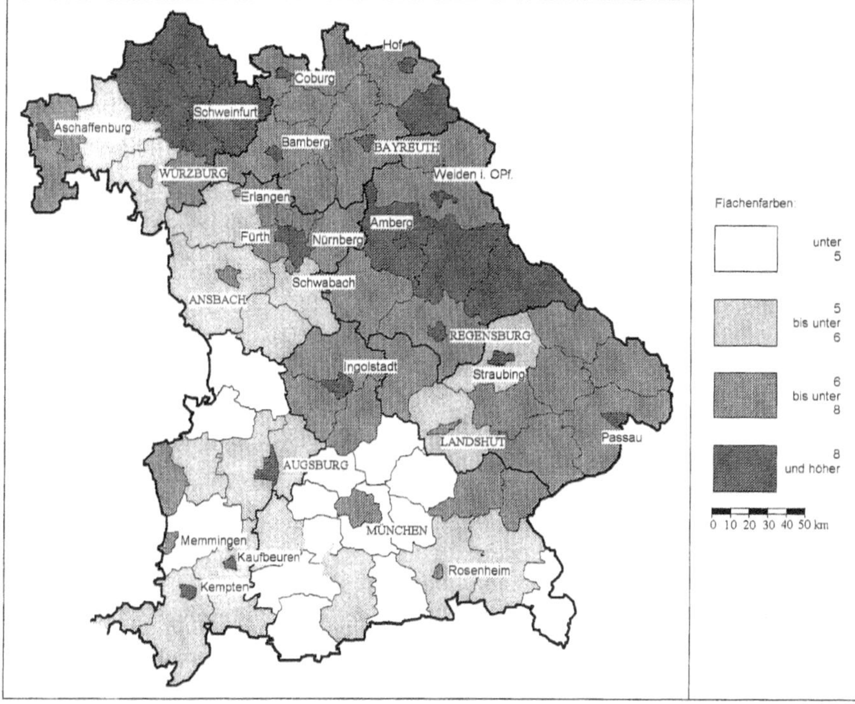

Literaturverzeichnis

Achenbach, Hermann (1981): Nationale und regionale Entwicklungsmerkmale des Bevölkerungsprozesses in Italien. Kieler Geographische Schriften. Band 54. Kiel.

Akademie für Raumforschung und Landesplanung (1981): Zum Wandel räumlicher Bevölkerungsstrukturen in Bayern. Die Entwicklung der Nahbereiche. Band 130. Hannover.

Akademie für Raumforschung und Landesplanung (1983): Regionale Aspekte der Bevölkerungsentwicklung unter den Bedingungen des Geburtenrückgangs. Band 144. Hannover.

Akademie für Raumforschung und Landesplanung (1995): Handwörterbuch der Raumordnung. Hannover.

Albrecht, Günter (1972): Soziologie der geographischen Mobilität. Zugleich ein Beitrag zur Soziologie des sozialen Wandels. Stuttgart.

Atteslander, Peter; Bernd Hamm, Hrsg., (1974): Materialien zur Siedlungssoziologie. Köln.

Atteslander, Peter, Hrsg., (1976): Soziologie und Raumplanung: Einführung in ausgewählte Aspekte. Berlin, New York.

Backé, Bruno (1971): Altersstruktur und regionale Bevölkerungsprognose, dargestellt am Beispiel des Landes Niedersachsen. In: Neues Archiv für Niedersachsen. Band 20. Heft 1. S. 17-29.

Bähr, Jürgen; Christoph Jentsch, Wolfgang Kuls (1992): Bevölkerungsgeographie. Berlin, New York.

Bayerisches Landesamt für Statistik und Datenverarbeitung (1995): Datenkatalog 1995. München.

Bayerisches Staatsministerium für Landesentwicklung und Umweltfragen (1994): Räumliche Strukturen und Tendenzen in Bayern am Beginn der 90er Jahre. Strukturdatenatlas 3. München.

Berry, Brian J.L. (1976): The Counterurbanization Process: Urban America Since 1970. In: ders. (Hrsg.): Urbanization and Counterurbanization. Beverly Hills, London. S. 17-30.

Billeter, Ernst P. (1954): Eine Masszahl zur Beurteilung der Altersverteilung einer Bevölkerung. In: Schweizerische Zeitschrift für Volkswirtschaft. Band 90. S. 496-505.

Birdsall, Stephen S. (1980): Analysis of population age balance. In: Professional Geographer, 32 (4), S. 467-470.

Birg, Herwig (1981): Bemerkungen zu einer regional differenzierten Betrachtungsweise in der Demographie. In: Vierteljahresheft zur Wirtschaftsforschung, 51 (4). S. 351-356.

Birg, Herwig (1982): Regionale Mortalitätsunterschiede in der Bundesrepublik Deutschland - ein Problemaufriß. In IBS-Materialien Nr. 4. Bielefeld. S.1-26.

Birg, Herwig et al. (1990): Paritätsspezifische Kohortenanalyse des generativen Verhaltens in der Bundesrepublik Deutschland nach dem 2.Weltkrieg. Materialien des Instituts für Bevölkerungsforschung und Sozialpolitik, Band 30. Bielefeld.

Blau, Peter M. ; Otis D. Duncan (1967): The American Occupational Structure. New York.

Blumer, Herbert (1970): Social Problems as Collective Behavior. In: Social Problems, 19, S. 298-306.

Bourgeois-Pichat, Jean (1950): Charges de la population active. In: Journal de la Société de Statistique de Paris.

Boustedt, Olaf (1975): Grundriß der empirischen Regionalforschung. Teil II: Bevölkerungsstrukturen. Taschenbücher zur Raumplanung Band 5. Hannover.

Boverat, Fernand (1946): Le Vieillissement de la Population. Paris.

Brösse, Ulrich (1974): Raumordnungspolitik. Berlin, New York.

Brosius, Gerhard; F. Brosius (1995): SPSS. Base System und Professional Statistics. Bonn.

Bucher, Hansjörg (1989): Regionale Bevölkerungsverteilung, Infrastruktur und Umweltbelastung. In: Recktenwald, H. C.: Der Rückgang der Geburten. Mainz. S. 177-195.

Bucher, Hansjörg (1993): Regionale Aspekte der Alterung der Bevölkerung. In: Johannes Otto (Hrsg.): Die älter werdende Gesellschaft. Materialien zur Bevölkerungswissenschaft. Wiesbaden. S. 41-51.

Bucher, Hansjörg (1994): Die räumliche Dimension der Alterung. In: Hans-Ulrich Klose (Hrsg.): Forum Demographie und Politik Heft 6. S. 53-78.

Bundesforschungsanstalt für Landeskunde und Raumordnung (1995): Laufende Raumbeobachtung. Aktuelle Daten zur Entwicklung der Städte, Kreise und Gemeinden 1992/93. Materialien zur Raumentwicklung. Heft 67. Bonn.

Burgess, Ernest W. (1925): The Growth of the City. An Introduction to a Research Project. In: Robert E. Park et al.: The City. S. 47-62.

Burgess, Ernest W.; H. J. Locke (1953): The Family. New York.

Burr, Jeffrey A. (1995): Metropolitan Social Structure, Labor Markets and Fertility. In: Social Indicators Research. 34. S. 339-365.

Chevan, Albert (1982): Age, Housing, Choice, and Neighborhood Age Structure. In: American Journal of Sociology. Vol. 87, Nr. 5. S. 1133-1149.

Coale, Ansley (1972): The Growth and Structure of Human Populations. Princeton.

Coulson, Michael R.C. (1968): The Distribution of Population Age Structures in Kansas City. In: Annals of the Association of American Geographers. Vol. 58, 1. S. 155-176.

Cowgill, Donald O. (1978): Residential Segregation by Age in American Metropolitan Areas. In: Journal of Gerontology. Nr. 3. S. 446-453.

David, Carl-Heinz (1996): Grundlagen des Raumordnungsrechts. In: Jenkis a.a.O.

Davie, Maurice R. (1961): The Pattern of Urban Growth. In: George A. Theodorson (Hrsg.): Studies in Human Ecology. Evanston.

Dinkel, Reiner H. (1989): Demographie. Band 1: Bevölkerungsdynamik. München.

Dinkel, Reiner H. (1992): Demographische Alterung: Ein Überblick unter besonderer Berücksichtigung der Mortalitätsentwicklungen. In: Paul B. Baltes; Jürgen Mittelstraß: Zukunft des Alterns und gesellschaftliche Entwicklung. Berlin, New York. S. 62-93.

Dinkel, Reiner H. et al. (1997): Demographische Alterung in den alten und neuen Ländern Deutschlands. In: Geographische Rundschau. Heft 3. S. 169-172.

Dobberkau, Eckhard (1980): Abwanderung der Bevölkerung im ländlichen Raum. Richtung, Entfernung und Motivation. Stuttgart.

Easterlin, Richard A. (1968): Population, Labor Force, and Long Swings in Economic Growth: The American Experience. New York.

Falter, Jürgen W. (1991): Hitlers Wähler. München.

Foggin, Peter; Francois Bissonnette (1976): La Structure d'Âge au Saguenay-Lac-Saint-Jean, Québec. In: Revue Géographie de Montréal. Vol. XXX, 3. S. 253-261.

Ford, Thomas R. (1950): Population Succession in Chicago. In: American Journal of Sociology, 56. S. 156-160.

Forrest John; Ronald J. Johnston (1981): On the Characterization of Urban Sub-Areas According to Age Structures. In: Urban Geography, 2/1. S. 31-40.

Franz, Peter (1984): Soziologie der räumlichen Mobilität. Eine Einführung. Frankfurt.

Friedrichs, Jürgen (1983): Stadtanalyse. Soziale und räumliche Organisation der Gesellschaft. 3. Auflage. Opladen.

Fürst, Dietrich; Ernst-Hasso Ritter (1993): Landesentwicklungsplanung und Regionalplanung. Ein verwaltungswissenschaftlicher Grundriß. 2. Auflage. Düsseldorf.

Gatzweiler, Hans-Peter (1975): Zur Selektivität interregionaler Wanderungen. Ein theoretisch-empirischer Beitrag zur Analyse und Prognose altersspezifischer interregionaler Wanderungen. Forschungen zur Raumentwicklung Band 1 (Herausgegeben von der Bundesforschungsanstalt für Landeskunde und Raumordnung). Bonn-Bad Godesberg.

Gatzweiler, Hans-Peter; G. Stiens (1982): Regionale Mortalitätsunterschiede in der Bundesrepublik Deutschland. Daten und Hypothesen. Jahrbuch für Regionalwissenschaft 3. S. 36-63.

Gatzweiler, Hans-Peter; Wendelin Strubelt (1988): Demographische Veränderungen und Wandel der Städte. In: Soziologische Stadtforschung. Sonderheft 29 der KZfSS. Opladen. S. 193-222.

Glaeser, Bernhard (1989), Hrsg.: Humanökologie. Grundlagen präventiver Umweltpolitik. Opladen.

Göddecke-Stellmann, Jürgen (1994): Räumliche Implikationen der Zuwanderung von Aussiedlern und Ausländern. Rückkehr zu alten Mustern oder Zeitenwende? In: Informationen zur Raumentwicklung. Heft 5/6. S. 373-386.

Goldscheider, Calvin (1971): Population, Modernization, and Social Structure. Boston.

Goller, Thomas (1997): Determinanten der Bevölkerungsentwicklung einer Stadt - ein 'bevölkerungsgeographisches Wachstumsmodell' als Beitrag der kommunalen Planung. Dissertation. Bamberg.

Goodman, Leo A. (1959): Some Alternatives to Ecological Correlation. In: American Journal of Sociology, 64. S. 610-625.

Güttler, Helmut et al. (1989): Entwicklungstendenzen und aktuelle Probleme von Stadtregionen. Erste Ergebnisse von vergleichenden Analysen und Forschungsgesprächen. In: Informationen zur Raumentwicklung. Heft 11/12. S. 845-867.

Hamm, Bernd (1976): Sozialökologie und Raumplanung. In: Peter Atteslander (Hrsg.): Soziologie und Raumplanung. Berlin, New York. S. 94-117.

Hawley, Amos H. (1950): Human Ecology. New York.

Heigl, Andreas; Doris Rosenkranz (1994): Entwicklung der Pflegefälle in Deutschland 1990-2050. Ergebnisse demographischer Projektionen. In: Das Gesundheitswesen. Heft 11. S. 581-586.

Heigl, Andreas; Doris Rosenkranz (1995): On the Depency of the Situation of Elderly Persones Requiring Care upon Mortality and Migration in Germany. Results of Demographic Projections. In: The Journal of Interdisciplinary Economics. Volume 6, No. 3. S. 221-232.

Hill, Frederick I. (1976): Canadian Urban Trends. Volume 2: Metropolitan Perspective.

Hoffmann-Nowotny, Hans-Joachim (1970): Migration. Ein Beitrag zu einer soziologischen Erklärung. Stuttgart.

Hoyt, Homer (1939): The Structure and Growth of Residential Neighborhoods in American Cities. Washington.

Hübler, Karl-Hermann et al. (1980): Zur Problematik der Herstellung gleichwertiger Lebensverhältnisse. Hannover.

Ipsen, Gunther, Hrsg. (1976): Daseinsformen der Großstadt. Tübingen.

Isenberg, Friedhelm (1984): Regionale Differenzierung der demographischen Struktur im nördlichen Teil von Rheinland-Pfalz. Frankfurt a.M.

Janich, Helmut (1991): Die regionale Mobilität älterer Menschen. Neuere Ergebnisse der Wanderungsforschung. In: Informationen zur Raumentwicklung. Heft 3/4. S. 137-148.

Jenkis, Helmut W., Hrsg., (1996): Raumordnung und Raumordnungspolitik. München.

Jung, Hans-Ulrich (1982): Regionales Wachstum und räumliche Verteilung von Bevölkerung und wirtschaftlichen Aktivitäten. Hannover.

Kaufmann, Franz Xaver (1960): Die Überalterung. Ursachen, Verlauf, wirtschaftliche und soziale Auswirkungen des demographischen Alterungsprozesses. Zürich, St. Gallen.

Kaufmann, Franz Xaver (1964): Das demographische Altern – eine Übergangserscheinung. In: Schweizerische Zeitschrift für Volkswirtschaft und Statistik. Vol. 100, 4. S. 561-583.

Kalter, Frank (1994): Pendeln statt Migration? In: Zeitschrift für Soziologie 6/94. S. 460-476.

Kecskes, Robert (1994): Abwanderung, Widerspruch, Passivität. Oder: Wer zieht wann um? In: Zeitschrift für Soziologie Heft 2, S. 129-144.

Kemper, Franz-Josef; Günter Thieme (1992): Zur Entwicklung der Sterblichkeit in den alten Bundesländern. In: Informationen zur Raumentwicklung. Heft 9/10. S. 701-708.

Keyfitz, Nathan (1968): Introduction to the Mathematics of Populations. Reading (Mass.).

Kiefl, Walter; Josef Schmid (1985): Empirische Studien zum generativen Verhalten. Erklärungsbefunde und theoretische Relevanz. Schriftenreihe des Bundesinstituts für Bevölkerungsforschung. Band 15. Wiesbaden.

Knauß, Erich (1979): Räumliche Strukturen als Determinanten der städtischen Bevölkerungsverteilung. Regressionsanalytische Untersuchungen am Beispiel der Stadt Stuttgart. Dissertation Universität Stuttgart.

Koch, Reinhold (1976): Altenwanderung und räumliche Konzentration alter Menschen. Raumstrukturelle Auswirkungen und raumordnerische Beurteilung. Forschungen zur Raumentwicklung Band 4 (Herausgegeben von der Bundesforschungsanstalt für Landeskunde und Raumordnung). Bonn-Bad Godesberg.

König, René (1978): Die Pioniere der Sozialökologie in Chicago. In: Deutsche UNESCO-Kommission (Hrsg.): Stadtökologie. München.

Kohli, Martin (1992): Altern in soziologischer Perspektive. In: Paul B. Baltes et al. (Hrsg.): Zukunft des Alterns und gesellschaftliche Entwicklung. Berlin, New York. S. 231-259.

Kuls, Wolfgang, Hrsg., (1978): Probleme der Bevölkerungsgeographie. Darmstadt 1978.

La Gory, Mark et al. (1981): Patterns of Age Segregation. In: Sociological Focus. Vol. 14, Nr.1. S. 1-13.

Langbein, Laura I. et al. (1978): Ecological Inference. Beverly Hills.

Lauschmann, Elisabeth (1976): Grundlagen einer Theorie der Regionalpolitik. Taschenbücher zur Raumplanung. Band 2, 3. Auflage. Hannover.

Lee, Everett S. (1966): A Theory of Migration. In: Demography. Volume 3. S. 47-57.

Linder, Peter (1987): Die Bedeutung der Föderalebene für die Gleichwertigkeit der Lebensverhältnisse. Ein Beitrag zum Zusammenhang zwischen Sozial- und Regionalpolitik. In: Jahrbücher für Statistik und Landeskunde von Baden-Württemberg, Jahrgang 32. Jahrbuch 1987.

Mackenroth, Gerhard (1953): Bevölkerungslehre. Theorie, Soziologie und Statistik der Bevölkerung. Berlin, Göttingen, Heidelberg.

Mammey, Ulrich (1979): Räumliche Aspekte der sozialen Mobilität in der BRD. In: H. Tegtmeyer (Hrsg.): Soziale Strukturen und individuelle Mobilität. Wiesbaden.

Marschalck, Peter (1984): Bevölkerungsgeschichte Deutschlands im 19. und 20. Jahrhundert. Frankfurt a.M.

McKenzie, Roderick D. (1925): The Ecological Approach to the Study of the Human Community. In: R. E. Park et al. (Hrsg.): The City. Chicago.

McKenzie, Roderick D. (1974): Konzepte der Sozialökologie. In: Peter Atteslander; Bernd Hamm (Hrsg.): Materialien zur Siedlungssoziologie. Köln. S. 101-112.

Michelson, William (1976): Man and His Urban Environment. A Sociological Approach. Reading.

Milgram, Stanley (1970): The Experience of Living in Cities. In: Science, 167 (March). S. 1461-1468.

Möricke, Gabriele (1984): Bevölkerungsdynamik und deren Einfluß auf die Bevölkerungsstruktur im ländlichen Raum am Beispiel der Regionen Werra-Meißner-Kreis und Landkreis Emsland. Kiel.

Müller, Heinz J. (1983): Demographische Entwicklung und regionalpolitische Konsequenzen. In: Beiträge zur Statistik des Landes Nordrhein-Westfalen, H. 500. S. 21-31.

Mueller, Ulrich (1993): Bevölkerungsstatistik und Bevölkerungsdynamik. Berlin, New York.

Myers, David (1978): A New Perspective on Planning for More Balanced Metropolitan Growth. In: Growth and Change 9, Nr. 1. S. 8-13.

Neubauer, Günter (1988): Regionale Sterblichkeitsunterschiede in Bayern. Bayreuth.

Paesler, Reinhard (1976): Urbanisierung als sozialgeographischer Prozeß – dargestellt am Beispiel südbayerischer Regionen. Münchner Studien zur Sozial- und Wirtschaftsgeographie Band 12. Regensburg.

Pampel, Fred C.; H. M. Choldin (1978): Urban Location and Segregation of the Aged: A Block-Level Analysis. In: Sociological Focus, 56. S. 1121-1139.

Park, Robert; Ernest W. Burgess; Roderick D. McKenzie (1925): The City. Chicago.

Praxis der Gemeindeverwaltung (1984): Das Recht der Landesplanung. 138. Nachlieferung. Bayern.

Preston, Samuel H.; Christine Himes; Mitchell Eggers (1989): Demographic Conditions Responsible for Population Ageing. In: Demography, 26, 4/89. S. 691-704.

Pruvot, Michel (1970): Proposition d'un Indice de Jeunesse: Méthode et Application à Montréal. In: La Revue de Géographie de Montréal. Vol. XXIV, 1. S. 96-99.

Riesman, David (1957): The Suburban Dislocation. Annals of the American Academy of Political and Social Science 314. S. 123-146.

Robinson, Walter S. (1950): Ecological Correlations and the Behavior of Individuals. In: American Sociological Review, 15. S. 351-357.

Röder, Horst (1974): Ursachen, Erscheinungsformen und Folgen regionaler Mobilität. Ansätze zu ihrer theoretischen Erfassung. Münster.

Roque, Pereira J. (1981): Age médian et vieillissement démographique. In: Revue Belge de Géographie. Vol. 105, 1. S. 3-21.

Ryder, Norman B. (1975): Notes on Stationary Populations. In: Population Index. Vol. 41, 1. S. 3-28.

Scharpf, Fritz W. et al. (1979): Steuerungsprobleme der Raumplanung. Veröffentlichungen der Akademie für Raumordnung und Landesplanung. Band 109. Hannover.

Schlottmann, Alan M. et al. (1984): Career and Geographic Mobility Interactions: Implications for the Age Selectivity of Migration. In: The Journal of Human Resources. XIX, 1. S. 72-86.

Schmid, Josef (1982): Demographische Rahmenbedingungen der Wohnungspolitik und Regionalentwicklung. In: Wohnungspolitik und regionale Siedlungsentwicklung. Akademie für Raumforschung und Landesplanung Band 146. Hannover.

Schmid, Josef (1992): Das verlorene Gleichgewicht. Eine Kulturökologie der Gegenwart. Stuttgart, Berlin, Köln.

Schütz, Martin W. (1985): Die Trennung von Jung und Alt in der Stadt. Eine vergleichende Analyse der Segregation von Altersgruppen in Hamburg und Wien. Beiträge zur Stadtforschung. Band 9. Hamburg.

Schuster, Franz, Hrsg., (1990): Politik für ländliche Räume. Köln.

Schwarz, Karl (1967): Die Bedeutung von Veränderungen der Geburtenhäufigkeit und Sterblichkeit für die Entwicklung und den Altersaufbau der Bevölkerung. In: Wirtschaft und Statistik 3/1967. S. 163-173.

Schwarz, Karl (1978): Auswirkungen der Wanderungen auf die Bevölkerungsentwicklung und die Altersstruktur. In: Akademie für Raumforschung und Landesplanung: Zur Bedeutung rückläufiger Einwohnerzahlen für die Planung. Hannover. S.15-33.

Schwarz, Karl (1983): Untersuchungen zu den regionalen Unterschieden der Geburtenhäufigkeit. In: Akademie für Raumforschung und Landesplanung: Regionale Aspekte der Bevölkerungsentwicklung unter den Bedingungen des Geburtenrückgangs. Band 144. Hannover. S. 8-30.

Sclar, Elliott D. (1976): Aging and Residential Location. In: Lawton, M.P. (Hrsg.): Community Planning for an Aging Society. Stroudsburg. S. 266-281.

Shevky, Eshref; Wendell Bell (1955): Social Area Analysis. Stanford.

Shively, Phillips (1969): 'Ecological' Inference: The Use of Aggregate Data to Study Individuals. In: The American Political Science Review, 63. S. 1183-1196.

Siegel, Jacob S. (1980): On the Demography of Aging. In: Demography. Volume 17, Nr. 4. S. 345-364.

Song, Jian; Chi-Hsien Tuan; Jing-Yuan Yu (1985): Population Control in China. Theory and Applications. New York.

Stahura, John M. (1980): Ecological Determinants of the Aging of Suburban Populations. In: The Sociological Quarterly, 21. S. 107-118.

Statistisches Bundesamt (1996): Statistisches Jahrbuch 1996. Wiesbaden

Széll, György (1972), Hrsg.: Regionale Mobilität. Elf Aufsätze. München.

Taeuber, Conrad; Irene B. Conrad (1958): The Changing Population of the United States. New York.

Taeuber, K. E.; A. F. Taeuber (1965): Negroes in Cities. Residential Segregation and Neighborhood Change. Chicago.

Teherani-Krönner, Parto (1992): Von der Humanökologie der Chicagoer Schule zur Kulturökologie. In: Bernhard Glaeser et al. (Hrsg.): Humanökologie und Kulturökologie. Opladen. S. 15-43.

Theodorson, George A. (1961), Hrsg.: Studies in Human Ecology. Evanston.

United Nations (1956), Hrsg.: The Aging of Populations and its Economic and Social Implications. New York.

Valkovics, Emil (1992): Problems of Demographic Ageing in New Light. In: Bundesinstitut für Bevölkerungsforschung (Hrsg.): Referate zum deutsch-polnisch-ungarischen Arbeitstreffen auf dem Gebiet der Demographie vom 14. bis 18. Oktober 1991 in Wiesbaden. Materialien zur Bevölkerungswissenschaft. Heft 75. S. 241-270.

Vaskovics, Laszlo (1990): Soziale Folgen der Segregation alter Menschen in der Stadt. In: Lothar Bertels et al. (Hrsg.): Lebenslauf und Raumerfahrung. Opladen. S. 59-79.

Veyret-Verner, Germaine (1971): Populations Vieillies. Types, Variétés des Processes et des Incidences sur la Population Adulte. In: Revue de Géographie Alpine, 59. S. 433-456.

Vogelsang, Roland et al. (1986): Counterurbanisation in der Bundesrepublik Deutschland. Ein Begriff zur Umschreibung gegenwärtiger regionaler Bevölkerungsveränderungen. In: Geographische Rundschau. Heft 9. S. 461-468.

Whyte, William H. (1956): The Organization Man. New York.

Wirth, Eugen (1979): Theoretische Geographie. Stuttgart.

Wirth, Louis (1938): Urbanism as a Way of Life. In: The American Journal of Sociology. Vol. XLIV, Nr. 1. S. 1-24.

Gesetzestexte:

Grundgesetz der Bundesrepublik Deutschland (GG)

Raumordnungsgesetz (ROG)

Bayerisches Landesplanungsgesetz (BayLplG)